やさしい構造材料実験

谷川恭雄
青木孝義
河辺伸二
黒川善幸
寺西浩司
畑中重光
平岩　陸
丸山一平
三島直生
山田和夫
山本貴正
渡辺健治

共著

森北出版株式会社

■執筆分担

谷川恭雄	全体調整，序
青木孝義	第12章
河辺伸二	第2章
黒川善幸	第9章，付録
寺西浩司	第5章，第8章
畑中重光	第10章
平岩　陸	第13章
丸山一平	第4章
三島直生	第6章，第7章
山田和夫	第3章
山本貴正	第11章
渡辺健治	第1章

● 本書のサポート情報を当社Webサイトに掲載する場合があります．下記のURLにアクセスし，サポートの案内をご覧ください．

https://www.morikita.co.jp/support/

● 本書の内容に関するご質問は，森北出版 出版部「(書名を明記)」係宛に書面にて，もしくは下記のe-mailアドレスまでお願いします．なお，電話でのご質問には応じかねますので，あらかじめご了承ください．

editor@morikita.co.jp

● 本書により得られた情報の使用から生じるいかなる損害についても，当社および本書の著者は責任を負わないものとします．

■ 本書に記載している製品名，商標および登録商標は，各権利者に帰属します．

■ 本書を無断で複写複製（電子化を含む）することは，著作権法上での例外を除き，禁じられています．複写される場合は，そのつど事前に(一社)出版者著作権管理機構（電話03-5244-5088, FAX03-5244-5089, e-mail:info@jcopy.or.jp）の許諾を得てください．また本書を代行業者等の第三者に依頼してスキャンやデジタル化することは，たとえ個人や家庭内での利用であっても一切認められておりません．

序

　現代の建築・土木構造物に使用されている主な構造材料は，鉄鋼，コンクリートおよび木材である．鉄鋼とコンクリートは，製法が著しく相違するため，建築・土木系の若手技術者や学生が，これらの材料に関する実験方法について習得すべき内容もおのずから相違する．すなわち，鉄鋼については，材料性質が安定しているため，構造部材もしくは構造物としての実験，つまり「構造実験」が重要となるのに対して，コンクリートについては，その製法と材料性質に関する実験，つまり「材料実験」が重要となる場合が多い．

　また一方では，建設技術の進歩，新材料の開発，各種測定技術の進展などにより，構造材料実験方法として習得すべき内容も多様化しつつある．

　本書は，建築・土木系の若手技術者や学生を対象とした構造材料実験の入門書として作成したものであるが，上記のような事情を考慮して，単に材料実験だけにとどまらず，一部構造実験も含めて，建築・土木技術者として学んでおくべき基本的な実験方法について平易に解説した．

　なお，本書では，「試験」と「実験」という用語を混用しているが，一般に「試験」という用語は，JIS などに規定された標準的な試験方法に従って，材料の性質などを調べる場合に用い，「実験」は，標準的な試験方法が規定されていない場合に用いることが多い．本書で取り上げた材料に関する多くの試験方法は，JIS などに規定されているため，本書のタイトルも「構造材料試験」の方が適切と考えられるが，大学での授業科目としては「材料実験」という呼び名が広く定着していること，および「実験」は「試験」をも含む用語であることなどの理由により，本書も「構造材料実験」とした．

　本書は，1980 年に初版が出版された「構造材料実験法」の内容を基本的に踏襲しつつも，その後の JIS の改訂などに合わせて，全面的に見直しを行ったものである．「構造材料実験法」は，多くの参考資料を掲載しており，研究論文にも引用されてきたが，やや難解な面もあったため，今回大改訂を行うこととなった．次頁に記載した上記書籍の著者の皆様に謝意を表する次第である．

太田福男氏（元 大同工業大学教授），尾形素臣氏（愛知工業大学教授），小野博宣氏（中部大学名誉教授），金子林爾氏（名城大学名誉教授），小池狹千朗氏（愛知工業大学教授）

また，本書の出版にあたってお世話になった森北出版株式会社 水垣偉三夫氏に謝意を表する．

2010 年 1 月

著者

目　　次

第Ⅰ部　総　　論　　1

第1章　構造材料実験の基本　　2

1.1　実験の意義 …………………………………………………………………… 2
　　　（1）時代の変遷　2　　　　　（2）実験実証主義　3
　　　（3）建築・土木を学ぶ者として　3

1.2　安全の心得 …………………………………………………………………… 4
　　　（1）実験と安全　4　　　　　（2）安全の基本　4
　　　（3）実験中のヒヤリ・ハット　5

1.3　実験レポートの書き方 ……………………………………………………… 5
　　　（1）はじめに　5　　　　　　（2）レポートの趣旨　5
　　　（3）記述時の留意点　6　　　（4）レポートの様式　8
　　　（5）文体　8　　　　　　　　（6）図表と数式　9
　　　（7）レポートの内容　10　　　（8）よいレポート作成のためのヒント　10

演習問題 …………………………………………………………………………… 14

第2章　各種の試験方法ならびにひずみおよび応力の測定方法　　15

2.1　各種の試験方法 ……………………………………………………………… 15
　　　（1）圧縮試験方法　16　　　　（2）引張試験方法　17
　　　（3）曲げ試験方法　19

2.2　ひずみおよび応力の測定方法 ……………………………………………… 20
　　　（1）ひずみと応力の基本概念　20　（2）ひずみの測定方法　21
　　　（3）応力の測定方法　30　　　（4）周辺測定機器　31
　　　（5）計測・処理システム　32

演習問題 …………………………………………………………………………… 32

第3章　実験値の整理方法　　　　　　　　　　　　　　　　　34

3.1　測定値のまとめ方 …………………………………………………………… 34

　　（1）測定値に伴う誤差　34　　（2）測定値の書き方　35

　　（3）測定値による母数の推定　36　　（4）測定値の図示方法　37

3.2　測定値の棄却 ………………………………………………………………… 40

3.3　回帰と相関 …………………………………………………………………… 41

　　（1）散布図　41　　（2）回帰式の求め方　42

　　（3）相関係数の求め方　44

演習問題 ………………………………………………………………………… 46

第Ⅱ部　コンクリートに関する試験　　　　　　　　　　　　　　　47

第4章　セメントの試験方法　　　　　　　　　　　　　　　　　　48

4.1　セメント試験の種類と関連規格 …………………………………………… 48

4.2　試料の保管と採取 …………………………………………………………… 49

4.3　密度試験 ……………………………………………………………………… 49

　　（1）試験目的　49　　（2）試験器具　49

　　（3）試験方法　50　　（4）結果の整理方法　50

4.4　強さ試験 ……………………………………………………………………… 50

　　（1）試験目的　50　　（2）試験機器および標準砂　50

　　（3）試験方法　51　　（4）結果の整理方法　52

　　（5）参考資料　53

演習問題 ………………………………………………………………………… 55

第5章　骨材の試験方法　　　　　　　　　　　　　　　　　　　　56

5.1　骨材試験の種類と関連規格 ………………………………………………… 56

5.2　骨材の採取 …………………………………………………………………… 57

5.3　ふるい分け試験 ……………………………………………………………… 57

　　（1）試験目的　57　　（2）器具　57

　　（3）試料　58　　（4）試験方法　58

　　（5）結果の整理方法　58

5.4　密度および吸水率試験 ……………………………………………………… 61

　　　　(1)　試験目的　61　　　　　　(2)　細骨材の密度および吸水率試験　61
　　　　(3)　粗骨材の密度および吸水率試験　63
　　　　(4)　参考資料　64
　5.5　単位容積質量および実積率試験 …………………………………………… 66
　　　　(1)　試験目的　66　　　　　　(2)　器具　66
　　　　(3)　試料　67　　　　　　　　(4)　試験方法　67
　　　　(5)　結果の整理方法　68　　　(6)　参考資料　68
　5.6　細骨材の表面水率試験 ……………………………………………………… 69
　　　　(1)　試験目的　69　　　　　　(2)　器具　70
　　　　(3)　試料　70　　　　　　　　(4)　試験方法　70
　　　　(5)　結果の整理方法　71　　　(6)　参考資料　71
　演習問題 …………………………………………………………………………… 71

第 6 章　コンクリートの調合設計　　　　　　　　　　　　　　　　　　　73

　6.1　コンクリートの構成材料 …………………………………………………… 73
　6.2　各構成材料の割合 …………………………………………………………… 73
　6.3　コンクリートに要求される性能 …………………………………………… 76
　6.4　調合設計の流れ ……………………………………………………………… 77
　6.5　調合設計方法 ………………………………………………………………… 78
　　　　(1)　設計基準強度 (F_c) および耐久設計基準強度 (F_d) の決定　78
　　　　(2)　品質基準強度 (F_q) および調合管理強度 (F_m) の決定　79
　　　　(3)　調合強度 (F) の決定　80　　(4)　水セメント比 (W/C) の決定　81
　　　　(5)　単位水量 (W) の決定　81　　(6)　単位セメント量 (C) の決定　82
　　　　(7)　単位粗骨材量 (G) の決定　82　(8)　単位細骨材量 (S) の決定　83
　　　　(9)　細骨材率 (s/a) の算定　83　 (10) 塩化物イオン量の確認　83
　　　　(11) 計画調合の表し方　84
　演習問題 …………………………………………………………………………… 84

第 7 章　フレッシュコンクリートの試験方法　　　　　　　　　　　　　　86

　7.1　レディーミクストコンクリートの受入検査 ……………………………… 86
　7.2　試料の準備 …………………………………………………………………… 87
　　　　(1)　フレッシュコンクリートの試料採取方法　87
　　　　(2)　試験室におけるコンクリートの作り方　88

7.3 スランプ試験 ·· 88
 （1）試験目的 88　　（2）使用器具 89
 （3）試験方法 89

7.4 空気量試験（空気室圧力方法）·· 90
 （1）試験目的 90　　（2）使用器具 91
 （3）試験方法 91

7.5 塩化物量試験（モール法）·· 94
 （1）試験目的 94　　（2）使用器具 94
 （3）試験方法 95

演習問題 ·· 96

第8章　硬化コンクリートの強度および弾性係数試験方法　　97

8.1 強度および弾性係数試験の種類と関連規格 ································· 97
8.2 圧縮強度試験 ·· 97
 （1）試験目的 97　　（2）供試体の作り方 98
 （3）試験方法 100　（4）結果の整理方法 101
 （5）参考資料 101

8.3 引張強度試験 ·· 105
 （1）試験目的 105　（2）供試体の作り方 106
 （3）試験方法 106　（4）結果の整理方法 107
 （5）参考資料 107

8.4 静弾性係数試験 ·· 108
 （1）試験目的 108　（2）供試体の作り方 108
 （3）試験方法 108　（4）参考資料 110

演習問題 ·· 111

第9章　硬化コンクリートの非破壊試験方法　　112

9.1 反発度法 ·· 113
 （1）試験目的 113　（2）試験方法 113
 （3）計算方法 114　（4）参考資料 115

9.2 超音波速度法 ·· 116

　　　　　(1)　試験目的　116　　　　　(2)　試験方法　116
　　　　　(3)　計算方法　117　　　　　(4)　参考資料　117
　9.3　電磁波レーダ法 ··· 118
　　　　　(1)　試験目的　118　　　　　(2)　試験方法　118
　　　　　(3)　計算方法　119　　　　　(4)　参考資料　120
　演習問題 ··· 120

第10章　鉄筋コンクリート梁の曲げ・せん断実験方法　　　　　　　122

　10.1　実験目的 ··· 122
　10.2　実験計画 ··· 122
　　　　　(1)　実験要因　122　　　　　(2)　試験体の形状・寸法と配筋　123
　　　　　(3)　使用材料　123
　10.3　試験体の製作 ··· 125
　　　　　(1)　型枠の製作　125　　　　　(2)　鉄筋の加工と組立て　125
　　　　　(3)　コンクリートの打込み　126　　(4)　養生　127
　10.4　使用材料の力学的性質に関する試験 ··· 127
　10.5　RC梁の耐力と変形の計算 ··· 127
　10.6　載荷準備 ··· 127
　　　　　(1)　試験体の準備　127　　　　(2)　載荷装置の準備　128
　　　　　(3)　各種計測装置の準備　128
　10.7　載荷実験 ··· 130
　10.8　実験結果と考察 ··· 131
　10.9　参考資料 ··· 135
　　　　　(1)　曲げ耐力の算定式　135　　(2)　たわみの計算方法　136
　　　　　(3)　せん断耐力の算定式　137
　演習問題 ··· 139

第Ⅲ部　鋼材に関する試験　　　　　　　　　　　　　　　　　　　　141

第11章　鉄筋の引張試験方法　　　　　　　　　　　　　　　　　　　142

　11.1　試験目的 ··· 142

viii　目　次

　11.2　試験方法 ··· 142
　　　(1)　試験片　142　　　　　　　(2)　使用機器　143
　　　(3)　試験方法　144　　　　　　(4)　結果の整理方法　146
　　　(5)　絞り　148
　11.3　参考資料 ··· 148
　　　(1)　JIS　148　　　　　　　　(2)　鉄筋の化学成分　149
　　　(3)　鉄筋の性質　149　　　　　(4)　鉄筋の破壊状況　150
　　　(5)　降伏点　150　　　　　　　(6)　金属材料の引張試験　150
　演習問題 ·· 151

第 12 章　H 形鋼の曲げ実験方法　　152

　12.1　実験目的 ··· 152
　12.2　試験体および実験方法 ·· 152
　　　(1)　使用鋼材と試験体の製作　152　　(2)　実験器具・装置　153
　　　(3)　実験方法　154
　12.3　実験結果の整理方法 ·· 155
　12.4　実験結果と関連理論 ·· 155
　演習問題 ·· 160

第 IV 部　木材に関する試験　　161

第 13 章　木材の圧縮試験方法　　162

　13.1　木材の特徴および試験方法 ··· 162
　　　(1)　木材の特徴　162　　　　　(2)　木材の試験方法　163
　13.2　木材の圧縮試験 ··· 164
　　　(1)　試験目的　164　　　　　　(2)　試験方法　164
　　　(3)　試験結果の整理方法　166　(4)　参考資料　168
　演習問題 ·· 170

演習問題解答　　171

参考・引用図書　　176

付録　　177

1. 単位系について ………………………………………… 177
2. よくある質問 …………………………………………… 181
3. データシート …………………………………………… 183

索　引　　193

I. 総論

構造材料実験の基本

　実験できるということは幸せである．構造材料の性質や試験方法の情報を，自分の手足を使って体験することによって，確実な記憶として定着させることができるからである．また，仲間と共同でやった実験の記憶は，何十年後に振り返っても楽しい思い出となろう．さらに，実験で得た成果をレポートに取りまとめる作業は，将来，仕事を進めるうえで報告書をとりまとめる練習にもなる．

　しかし，実験は危険である．自動車何十台分もの重さが目の前に作用しているし，指1本切断するのに数秒もかからない道具も上手に使わなければならない．楽しい思い出どころか，一生後悔する人生最悪の日ともなりかねない．

　実験の教科書があるのは，このような不幸なことにならないためである．実験のスペシャリストが，何をどう注意すればよい成果が得られるのかを，ポイントを押さえながら詳述している．特に本章では，実験を学ぶ意義や，安全，報告といった，どの実験にも共通する基礎について説明する．よく理解して，楽しい実験を体験してほしい．

 ## 1.1　実験の意義

(1)　時代の変遷

　古代ギリシア時代（紀元前600年頃）のギリシア七賢人の一人であるターレスは，万物の根源は水であると述べている．それから約200年ほど経てトラキアのデモクリトスは，これ以上分割できない究極の微小物質としてアトムを提唱している．両者に共通していることは，自然界を観察し，自然の挙動を最も合理的に説明するためには，水やアトムが存在しなければならない，という結論を導き出した点である．もちろん当時は電子顕微鏡をはじめとして，原子レベルで物体を観察する装置はなかったが，彼らにはそのような装置は不要であった．なぜなら当時の常識とは，多くの人々を説得できる理論こそが真実である，という考え方だからである．賢人たちは多くの人々

と対話し思考を重ねることで，誰もが納得する結論として，水やアトムの存在を提唱したのである．

それから時を経て 16～17 世紀頃，コペルニクスやガリレオの出現により，科学は理論や仮説を実験や観察で証明するという手法が主流となってくる．有名な例としては，古代のアリストテレス派が「重い物ほど早く落ちる」と考えていたが，ガリレオは物体の質量に関係ない，と実験し論破した逸話であろう．振り子の実験や天動説など，これまで常識と考えられていた事象が，実験や観測に基づく仮説によって覆されている．ただし，当時のコペルニクスやガリレオの唱えた真実が人々に受け入れられるようになるまでには，宗教的な理由などにより，多くの時間と忍耐を要している．

（2） 実験実証主義

時代を現代に戻しても，科学は実験や観察による合理的な証明を必要としている．消えたアトランティス大陸や癌の特効薬，マイナスイオン効果といった類は，もしかしたら真実かもしれないが，合理的な実験・観察結果が得られない以上，現在は科学的な裏付けがあるとは言いがたく，真実とは認められない．もちろん，19 世紀にシュリーマンが発見したトロイヤ遺跡のように，おとぎ話と信じられていた都市が発掘されるという事例もあり，現在の真実は未来永劫真実であるとは限らない．逆に，ムペンバ効果（ぬるま湯の方が冷水より早く凍る現象）のように，実証できるが合理的な説明ができない，という現象もある．いずれにせよ，現在は合理的な実験や観察で得られた結果を真実として受け入れる時代である，ということである．

技術者や理工系学科に所属する学生が，実験を行う意義は大きい．2 千年以上昔から，先人たちが思考・対話し，そして試行錯誤しながら実験と観察を積み重ねてきた．連綿とした作業の中で多くの過ちや誤差を含むデータを積み重ねながら先人たちは真実を見出してきた．その集大成の奥義を教員などが講義し，若手技術者や学生へと伝授している．これを一片の知識として片付けるのではなく，先人たちと同様に実験・観察をすることで，改めて知恵の偉大さを認識するとともに，真実の普遍性を知ることもできよう．

（3） 建築・土木を学ぶ者として

建築基準法が改正されるたびに，少しずつ建築構造物に対する制限が厳しくなっている．これは，技術者たちが実験を重ねるとともに，各地で頻発する地震被害を調査検討することにより，より安全な建築物を整備することを目的としたからである．構造技術者には，人々の生命と安全・財産を守る義務・社会的使命がある．そのためには，理論だけではなく，実際の技術として構造物の構築技術・安全技術を体得する必

要がある．そこで，実験によって要素技術ごとに確認することで，座学と併せて反復することで理解を深めなければならない．

本書に示した構造・材料学的な実験は，普遍的な題材を選んだものであり，構造学的・材料学的には基本的な事項ばかりである．今後ますます構造物が高度化し，また法体系が複雑化することは予想に難くないが，構造躯体に生じる力学的な現象としては，構造力学や材料学で学んだ内容の応用で解くことが可能なものばかりである．本書の内容を理解し，それをさらに着実に身につけるための実験としては，基本を押さえることが最も大切なことである．

1.2 安全の心得

(1) 実験と安全

実験実習活動では，各種の電気機器，動力機械，工具類などが使用されるので，その取扱いを一歩誤ると，障害や火災などの事故を引き起こす危険がある．したがって，安全に留意し，指導員の指示やマニュアルに従って正しく行動する必要がある．

(2) 安全の基本

危険を 100%回避することはできないが，危険な部分を予測し，あらかじめ対策を立てることで，かなりの部分を回避できる．「正しい手順」というのは，先人たちの知恵であり，それをマニュアル化したものである．無理のない計画を立て，着実に実験をすすめることが大切である．

(a) 一般事項
- 事故や怪我の際には，すみやかに指導員（教員，技術員，TA など）に連絡する．
- 実験室は常に整理整頓する．
- 危険作業は必ず 2 名以上で行う．

(b) 服装
- 作業しやすく，肌の露出の少ない服装（スカートは禁止）．
- かかとの隠れる運動靴でもよい（サンダルは厳禁）．

(c) 事故防止のために
- 濡れた手でスイッチや電気工具を触らない．
- 回転工具（ミキサを含む）に巻き込まれない（破れた G パンや軍手に注意）．
- 重量物を運搬する場合に，手足先をはさまないようにする．

（3） 実験中のヒヤリ・ハット

ヒヤリ・ハットとは，事故には至らなかったものの，危険を感じた事象のことをいう．ヒヤリ・ハットの体験は，忘れてしまいがちであるが，正しく報告・記録することで，安全意識や安全対策が高まり，重大な危険から己を守ることになる．以下は，装置・作業ごとのヒヤリ・ハットの例である．

（a） 大型試験装置

- 万能試験機には100トンの荷重がかかるが，油断して指を挟み，骨身ともに粉々になった．
- コンクリートミキサの縁に不用意に手をついて，指をもぎとられた．

（b） 回転工具

- 回転のこぎりに軍手ごと巻き込まれて，手首を切断した．
- 鉄筋の固定が緩かったので，高速カッターの歯が割れて，破片が他の人に突き刺さった．

（c） 一般大工工具や材料

- 金づちで指を叩いた．
- 落ちた釘を踏んでしまい，足を貫通した．
- 接着剤が出ないので，絞り込んだら，吹き出て目に入った．
- 長い鉄筋を運搬中に他人の顔に刺さった．

1.3　実験レポートの書き方

（1） はじめに

本節では，実験実施後にとりまとめるレポートの書き方について述べる．本節は，この実験のレポート作成だけに限らず，社会人としての報告書の作成や，卒業研究論文のとりまとめにも通じるよう，構成した．

（2） レポートの趣旨

（a） 報告（レポート）とは何か

工学系の実験レポートは，与えられた実験課題を適切に実施し，実験の意図を理解したことを指導者や教員へ示すために課せられる．自分のメモやノートとは違い，読者に読んでもらうために作成するものなので，実験に立ち会わなかった者にも実験の全容を理解できるよう書く必要がある．もう少し難しい表現をすると，その報告を読んだ第三者が実験を再現したときに同じ成果を得ることができるか，ということが重

要である．つまり，報告書が論理的に定量的に記載されており，実施手順がわかりやすく書かれており，実験で得られた情報と公知の事実を積み上げることで考察が成されていれば，よい報告書ということである．

（b） 小説や作文との違い

推理小説では，最後に犯人やトリックを公開するのが王道であるが，報告書では冒頭に結論を述べるのが一般である．冒頭部で目的と結論（成果）をセットにして述べることで，以後の本文を読み進めるときに誤読が生じないからである．

推理小説では時折ヒントを与えることで読者の想像力をかきたてるが，報告書では読者の想像力を期待してはいけない．想像した現象と実験内容が一致している保証がないためである．

（3） 記述時の留意点
（a） 目的と結論が明確

どういう実験を行ったのかを明示する．ただ単に「鋼材の引張試験を行った」ではなく，なぜ鋼材を引っ張らなければならなかったのか，という実験意図を述べる．たとえば，「鋼の力学的特性を把握する」などのように実験の意図すなわち目的を述べる．

この目的と対になるのは目的が達成されたかを示す結論（成果）の要約である．一番簡単なのは「目的を達成することができた」であるが，もう少し丁寧に成果を述べた方がよい．たとえば，「鋼の力学的特性として，弾性係数ならびに引張強度を得ることができた」というのが上で例示した目的の対となる結論には妥当である．目的が「特性の把握」なのに，結論では「実験を行った」や「○○ができた」では把握したかどうかが不明なので，不適切である．

幸いにしてワープロで作る報告書は自在に加筆修正できるのだから，報告書作成に慣れていない者は，結論を書いてからそれに対応する目的を設定してはどうだろうか．結論を書いているうちに，考えがまとまって目的を明文化できる場合もある．

（b） 主張を明示

主張をまず述べてから，その裏付けとなる理由を引き続き述べる．延々と yes とも no ともつかない説明をだらだらと続けて，やきもきしながら読まないと主張がわからないという文章構成はよくない．執筆者としては「理由 A や理由 B により，$X = Y$ と考えられる」というように，執筆者が理解した順序を追って記述するのは楽である．しかし，読者に執筆者と同程度の考察を強いながら読ませることになるため，どこかが抜け落ちていないか，どんな主張ができるのかを考えながら読み進めなければならない．

しかし，主張を先に述べてから理由を後付けすれば，読者は主張が正しいか否かだけに焦点を絞ってその後の理由の説明を受ければよいので，読み進めやすい．たとえば，「$X = Y$ と考えられる．その根拠は理由 A や理由 B である」といった書き方である．

大学生程度の学力であれば，上記の例示のような文章はどちらが先でも問題ないように見えるであろう．しかし，これがジャーナルや卒業研究論文のような長文になると，数頁先まで読み進めないと主張が見えてこない場合もあり，読者に大変な記憶力と洞察力を強いることになる．たかが数行だからと考えずに，普段から冒頭に主張，引き続いて理由を述べるという訓練につとめることが望ましい．ましてや，若手技術者や学生の学習の一環である実験レポートの作成にいたっては，レポートの作法を覚えることが一番大切である．

（ c ）　事実の積上げ

報告書は実験で得られたデータと公知の事実を積み上げて作成していくのが原則である．たとえば，「実測値から単位容積質量を計算したところ 2000 kg/m^3 となった．しかし，他の班のデータと比較しても明らかに違っていたので，はかりの使い方を間違えたものと思われる」という記述は不適切きわまりない．はかりの使い方を間違えたことが悪いのであるが，間違えたという論拠は推測でしかない．これは事実の積み上げではない．

（ d ）　客観的・定量的な表現

盛り上げる難しい言い回しや感情的・情緒的な表現は報告書に不要である．たとえば「非常に大きな値となった」という文章のうち「非常に」とは主観である．「母集団の平均に対して○○程度大きい値」というように，大小の比較対象を記載したり，大きさの程度を定量的に表記するのが報告書である．

（ e ）　理解しやすい

理解しやすい文章を書く工夫はいくつかある．たとえば，だらだらと長文を書くのではなく，せいぜいが 2, 3 行で 1 文を終える．文章を切ることで，執筆者は考えを取りまとめられるし，読者はステップごとに理解を共有できる．

（ f ）　主語を明示する

主語を省略するのは日本語の特徴であるが，できるだけ主語を明示する．このとき，「私は万能試験機で供試体に載荷した」と実験者を主語とするのではなく，「供試体は万能試験機で載荷された」のように，受動態にして実験の主役である供試体が主語となるよう留意する．

（g） 代名詞は極力控える

代名詞が指し示す対象が明らかな場合が多いので，できるだけ代名詞は使わない．「この供試体はその方法で検査した」の「この」や「その」が何を指しているのかを読者が想像しなければならないのは好ましくない．ただし，「この」が指し示す試験名が非常に長文となる場合は，執筆者が自分で「試験A」のように略称を付ければよい．たとえば，「○○の△△を□□する試験（以下，試験Aと略記する）」のように記載すれば，以後の報告書の中では試験Aと書くだけなので明快である．

（h） 締切期日を守る

報告書の書き方ではないが，締切期日を守るのは当然のことである．

（4） レポートの様式

（a） 書類サイズと表紙

レポートの書式は，講義の中で指定されている場合はそれに従う．特に指定がなければ，以下のような書式が一般的である．

- A4版，横書き，左上ホチキス留め，上下左右マージン
- 実験名，日付，所属・学籍番号，氏名
- ワープロで清書
- 頁端に通し番号

（b） 本文と見出し

本文は1段組みが基本であるが，ページ数に制限があるなど，密度を高める場合は，2段組みとする場合もある．見出しは報告全体の節目となるので，本文とは字体を変えるなど目立つ工夫をする．文字をカラフルにすることは，レポートの要所を読者に伝えるよい手段であるが，あまり色を多用すると注意散漫となり逆効果となるので，最小限にした方がよい．

- 1段組
- 本文（9～12ptで明朝体）
- 見出しの付け方（10～14pt程度でゴチあるいは太字）
- 見出し番号と見出し文言の間を1字空ける

（5） 文体

（a） 口語体

報告書で使う口語体には「だ，である」という常体と「です，ます」という敬体がある．どちらか片方だけを使用し，混合して使用しない．

(b) 数字と句読点

単語・用語として確立しているものは漢数字，数えられるものは算用数字で書く．たとえば「三日坊主」は公知の熟語なので漢数字の「三」を使う．算用数字や英字は原則半角文字で書いた方がよい．小数点として「,」と「.」を混合して使われている場合が現実には多いが，「12,345.6」のように，3桁の区切りには「,」を使い，小数点は「.」を使った方が明確である．

本文中の読点の付け方に一般論はないが，文意のブロックの構成がわかるように区切ると読みやすい．文章はせいぜいが2,3行で1文となるようにする．

(c) 「思わない」で「考える」

技術的な問題であるが，「○○だと思う」という表現は感情であり論理的な報告には相応しくない．同じ文章でも「○○と考えられる」は思考であり，論理的である（少なくとも見栄えは）．

(d) 複数の項目の列記

2つのものを列記する場合は「AならびにB」や「AおよびB」と表記する．3つ以上のものを列記する場合は「A，BおよびC」や「A，B，CならびにD」のように，最後の1つ以外は読点にする．

項目や内容が短文で表現できる場合は，一覧表にとりまとめたり，箇条書きにすると効果的である．

(6) 図表と数式

(a) 表

項目と内容をひとまとめで語ることのできる事項は，表にとりまとめる．本文中でだらだらと境界条件を述べるよりも，「実験条件を表1に示す」と簡潔にまとめた方が必要なデータが1箇所に集中しているため読者も理解しやすい．表のタイトルは表の上に付ける．

(b) 図

図の横軸は変数（入力），縦軸は結果（出力）となるように描く．縦横軸のタイトルに数値の単位を記載しておき，縦軸のタイトルは横向きに書く．図に背景色を付けると，逆にデータが読みにくくなる場合があるので，データプロットのマークの色・形と背景色を適切に選択する．図のタイトルは表のタイトルとは逆で，図本体の下にタイトルをつける．一部のソフトでは，図のタイトルが図の上に付く場合があるので，修正する必要がある．

（c）数式

よほど単純な式でない限り，数式は本文中に埋めずに本文から1行あけて独立して記載する．数式は数式エディターを用い，「y=x^2+3*x+4」のようには書かない．コンピュータやワープロソフトが未発達の頃にはこのような表記も許されたが，現在では数式を正しく表記できないワープロを使うべきではない．

数式は，本文より3字下げて記述し，式番号を右端に揃える．本文中では「○○を式(1)に示す」のように参照する．

（7）レポートの内容

（a）はじめに

何を明らかにしようとしているのか．何を確認しようとしているのか．何を調査しようとしているのか．この実験の意図は何か．

（b）実験の原理

実験の背景にある理論を示す．講義で学んだ知識とどうリンクしているのか．

（c）実験手順

どんな実験なのか．どんな供試体（試験体）を使うのか．使う装置はどういう性能なのか．どんな手順で実験を進めるのか．

（d）実験結果

測定値は何か．観測されたものは何か．観察により何が得られたのか．これら1次データを明示する．

（e）考察

1次データを加工することで理解しやすい形にする．実験の原理に照らし合わせて，実験結果が理論解とどの程度一致したか，違っていたかを示す．

（f）まとめ

冒頭に掲げた目的を達成できたのかを示す．

（g）参考文献と付録

報告に際して，参照した資料や情報を参考文献として掲載する．レポート末尾に掲載しきれなかったデータなどを付録として掲載する．

（8）よいレポート作成のためのヒント

（a）文献の引用

報告の作成中に，装置や試験方法などで文献を調査して実験の報告を補完することは望ましいことである．ただし，無断引用するのではなく，キチンと引用先を明示し，

元データ制作者の著作物であることを示す．近年は，インターネットのWEBサイトを参照した事例が多くなっているが，この場合はURLを引用先として明記する．ただし，書籍と比べるとWEBサイトは寿命が短く，読者が参照しようとした時に既に閉鎖されていたり，内容が更新・変更されている可能性がある．

（b） 写真の掲載

最近はディジタルカメラが発達し，容易に一般人がディジタルカメラで撮影し，画像を報告書に取り込むことができるようになった．試験状況や供試体の模様などを写真でビジュアルに表現することは，読者に実験状況を容易に理解させるよい手段である．また，複雑な試験装置をCADやドロー系ソフトを使って描くよりも，わかりやすい写真を掲載した方がはるかに簡単で説得力がある．必要があれば，写真にレタッチソフトで「これが供試体」や「載荷点」という説明書を矢印で追記するなどにより，さらに理解しやすい報告となる．

（c） 既習内容との連動

実験の多くは，すでに学習した理論の確認が多い．ところが，実験によっては残念ながら理論通りの結論が得られないものがある．重力や空気の影響，支持・載荷装置の問題など，理論とは境界条件が異なることが主たる原因である．実験が理論とどう関連しており，いままでに学んだ理論とは実験結果がどのように違ったのかを考察することが望ましい．それが難しいと思われる場合は，実験データがどの程度ばらついているのか，標準偏差を検討するとよい．

（d） 失敗の報告

実験は必ずしも課題出題者の意図通りに進行するとは限らない．そのため「失敗した」という結果をレポートすることもある．失敗を報告することは寂しいことであるが，「失敗は成功の母」なので「なぜ失敗したのか，どこが間違っていたのか」という点を考察し報告すると，場合によっては成功例のレポートよりもよいレポートとなる．なぜなら，その観察や考察は次の成功へとつながるからである．

（e） 読者の視点

報告者は実験の一部始終を報告したつもりでいても，肝心な実験条件が抜けていたりすることは，よくあることである．この間違いが発生する原因の一つとして，たとえば，実験を企画・指揮した指導者は，実験の全容を把握しているはず，という思い込みがある．まったく実験を知らない読者であると想定して，読者の立場でレポートを推敲してほしい．同様に，数式展開を端折っていきなり計算結果を提示するレポートが時折ある．報告者のパソコンの中では，複雑な計算式が入ったデータが縦横にリンクしており，その一部をワープロソフトに書き写しているため，わざわざ転記しな

くても，と思って省略してしまうのが原因であろう．しかしながら，正しい数値を入力して計算されたのか否かが報告書からは読み取れないので，報告書としては不備である．

指導者は原理や奥義を知っているのであって，答えそのものを知っているわけではない．答えの正しさを評価するのではなく，答えに至る道程が正しいことを追跡し確認・評価しているのである．

以下にレポートの一例を示す．

○○○○に関する試験

試験実施日：20YY 年 MM 月 DD 日
所属（AB123456）　　山田　太郎

1. はじめに

> 何を明らかにしようとしているのか，何を確認しようとしているのか，何を調査しようとしているのか，といった点に留意して記述する．あるいは，この試験の意図は何か，ということでもよい．試験後に，文献を調査して，その試験の背景を述べるとさらによい．

本試験では，供試体である鋼材の応力-ひずみ関係を調査し，鋼材のヤング係数や強度といった物理的性質を調査するとともに，JIS 規格に適合しているかを調査することを目的とした．

2. 試験の概要
2.1 試験測定の原理

> 試験の背景にある理論を示す．いままでに学んできた知識とどうリンクしているのかを述べるとよい．

コンクリートの強度は，使用されたセメントの量ではなく，水とセメントの質量比が大きな影響を及ぼしており，セメントの強さ K を用いて式 (1.1) のような一般式が提案されている．

$$F = \frac{\alpha}{1/K + \beta} \tag{1.1}$$

ここに，F：コンクリート強度 [N/mm^2]，K：セメント強度 [N/mm^2]，α, β：試験定数．

2.2 試験の手順

> どんな試験なのか．どんな供試体（試験体）を使うのか．使う装置はどういう性能なのか．どんな手順で試験を進めるのか．

試験では，容量 1000 kN 万能試験機を用いて載荷した．載荷方法の概要を図 1.1 に示す．木材の繊維と直交方向に集中載荷することとし，支点間距離は 500 mm とした．供試体の採寸結果を表 1.1 に示す．

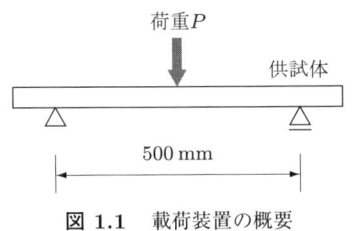

図 1.1　載荷装置の概要

表 1.1　供試体の寸法 (単位：mm)

長さ	幅	厚さ
159	42.1	12.1

3. 試験結果とその考察
3.1 試験 A に関する検討

　測定値は何か．観測されたものは何か．観察により何が得られたのか．これら 1 次データを明示する．さらに考察では，1 次データを加工することで理解しやすい形にする．試験の原理に照らし合わせて，試験結果が理論解とどの程度一致したか，違っていたかを示す．

3.2 測定値 X と測定値 Y の関係

　測定した 2 種類の数値がどのような関係になるのかを図によって示す．

　試験 A で得られた測定値 X と測定値 Y の関係を図 1.2 に示す．同図によれば，多少のばらつきは認められるものの，両者は比例関係にあることがわかる．この勾配を最小 2 乗法により直線近似し定量化した．

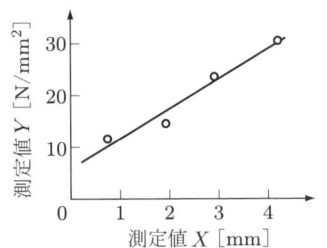

図 1.2　測定値 X と測定値 Y の関係

4. まとめ

冒頭に掲げた目的を再度提示し，目的を達成できたのかを示す．

本試験では，鋼材の物理的性質を調査したところ，供試体は JIS 規格に適合していることを確認した．

演習問題

1. 電動丸のこぎりを使用する際に留意しなければならない点を三つ挙げよ．
2. 肌の露出の多い服装で実験すると，どういう不具合・危険が発生しうるのか．
3. 実験レポートと推理小説の違いを三つ挙げよ．

2 各種の試験方法ならびにひずみおよび応力の測定方法

　構造材料の性質を正確に知るためには，それぞれに適した試験方法を採用する必要がある．本章では，数多くの試験方法のうち，特に基本となる試験方法について説明する．また，各試験で共通して用いられるひずみ（または変形）と応力（または荷重）の測定方法について詳しく説明する．

2.1 各種の試験方法

　構造材料の試験方法は，きわめて多岐にわたるが，一般的には，強度性質を調べるための試験と変形性質を調べるための試験，時間に依存しない性質を調べるための静的試験と時間に依存する性質を調べるための動的試験などに分類されることが多い．

　現在，一般に行われている構造材料試験としては，次のようなものがある．

1) 圧縮試験
2) 引張試験
3) 曲げ試験
4) せん断試験
5) ねじり試験
6) 付着試験
7) 硬さ試験
8) 摩耗試験
9) 衝撃試験
10) 疲労試験
11) 振動試験
12) 複合加力試験
13) 乾燥収縮試験
14) クリープ試験
15) 応力緩和試験
16) 中性化試験
17) 凍結融解試験
18) アルカリ骨材反応性試験
19) 塩化物イオン量試験
20) 防火および耐火試験
21) 透水試験
22) 非破壊試験

　上記の試験方法の多くについては，すでに日本工業規格 (JIS) に標準試験方法が示されている．

本節では，これらのうち，建築・土木系の技術者や学生として学んでおくべき最も基本的な試験方法として，圧縮，引張および曲げ試験法について記述する．

(1) 圧縮試験方法

(a) 試験目的

圧縮試験は，主としてぜい性材料に適用され，材料の圧縮載荷時の強度および変形に関する基本特性を調べるために行われる．コンクリートの場合，圧縮強度は他の強度に比べて著しく大きく，圧縮強度から圧縮強度以外の各種強度性質や変形性質をある程度推測することができるなど，材料の基本的性質を示すものである．さらに，通常の RC 構造物では，コンクリートは圧縮力を負担するように設計されることから，設計・施工上からも，コンクリートの圧縮強度は重視されている．一方，金属材料のような均質材料では，一般に圧縮強度は引張強度と等しいため，座屈などを伴う圧縮試験によるよりも，試験の比較的容易な引張試験によることが多い．

圧縮強度は，供試体の形状・寸法，載荷速度，供試体端面と載荷板間の摩擦など，試験方法に関連する要因によって大きく異なるため，あらかじめ一定の試験方法を定めておく必要があり，コンクリートと木材に関する次のような JIS が制定されている．

　　JIS A 1108：コンクリートの圧縮強度試験方法
　　JIS A 1114：コンクリートからの角柱供試体の採取方法及び強度試験方法
　　JIS A 1107：コンクリートからのコアの採取方法及び圧縮強度試験方法
　　JIS Z 2101：木材の試験方法

(b) 試験方法

1) コンクリートの試験方法

コンクリートの圧縮強度を求めるための供試体としては，わが国やアメリカなどでは円柱体を使用し，ヨーロッパの多くの国では立方体を使用している．JIS A 1108 では，供試体の形状は円柱形とすること，高さと直径の比 h/d は 2.0 とすること，荷重を加える速度は，圧縮応力度の増加が毎秒 0.6 ± 0.4 N/mm^2 とすること，供試体端面と加圧板間にはクッション材を入れないこと，などを規定している．

また，コンクリートコアによる強度試験方法では，コア供試体の h/d の値が 2.0 以下の場合は，表 2.1 に示すような補正係数 (k) を実測強度に掛けて強度補正を行うように定められている．

表 2.1 高さと直径の比によるコア供試体の強度補正係数
(JIS A 1107 による)

高さと直径の比 (h/d)	補正係数 (k)	備考
2.00	1.00	h/d がこの表に示す値の中間にある場合は,補正係数は補間して求める.
1.75	0.98	
1.50	0.96	
1.25	0.93	
1.00	0.89	

2) 木材の試験方法

JIS Z 2101 には,供試体として横断面が正方形の直六面体を使用し,繊維方向に荷重を加える,いわゆる縦圧縮試験では,一辺 $a=20〜40$ mm,高さ $h=2a〜4a$,繊維方向と直角の方向に荷重を加える横圧縮試験では,一辺 $a=20〜40$ mm,高さ $h=2a$ とするように規定されている.

平均荷重速度は,縦圧縮試験では毎分 9.80 N/mm^2 以下,横圧縮試験では,軟材の場合は毎分 0.49 N/mm^2 以下、硬材の場合は毎分 1.47 N/mm^2 以下とするように規定されている.

(2) 引張試験方法

(a) 試験目的

引張試験は,材料の引張載荷時の力学的性質を求めるための試験方法である.鋼のような延性材料では,引張強度は圧縮強度とほぼ等しいことが知られているが,供試体端面と載荷板間の摩擦や座屈などの影響によって純粋に圧縮強度を求めることはかなり難しい.また,建築・土木構造分野では,鋼材は引張部材として使用される場合が多いため,引張強度は,鋼材にとって最も重要な性質である.なお,金属材料では,溶接部,ねじ部,切欠き部など断面が一様でない供試体の性能も,この引張試験によって調べることが多い.一方,コンクリートの引張強度は,圧縮強度に比べて小さいため、RC 部材の曲げ設計時では通常無視されており,前述の圧縮強度ほど重要視されることは少ないが,コンクリート構造物のひび割れ発生荷重を求めるには,引張強度を知る必要がある.

(b) 試験方法

1) 鋼材の引張試験方法

鋼材の引張試験方法は,すでに JIS に規定されており,鋼材の引張載荷時の力学性質を調べるには,JIS の規定に準じて行うことが原則である.

2) コンクリートの引張試験方法

コンクリートの直接引張試験方法としては，図 2.1 に示すような各種の試験方法が提案されている．いずれの方法も，試験がやや煩雑であるため，いまのところ JIS には規格化されていないが，これらのうち，図 2.1(d) のような接着剤を用いる方法が比較的よく使用されている．

これに代わるものとして，円柱体を横にして上下から圧縮することにより引張強度を求めるコンクリートの割裂引張強度試験方法が JIS A 1113 に規定されている．図 2.2 は，弾性円板に上下から線荷重を加えた場合の内部応力分布を示したものであるが，載荷軸面には x 軸方向に一様な引張応力が生じ，x 軸を含む面には y 軸方向にこれより大きい圧縮応力が生じる．コンクリートの引張強度は，圧縮強度の 1/8〜1/15 程度ときわめて小さいため，図 2.2 のような載荷を行った場合には，供試体は引張応力によって破壊し，引張強度（f_t）は次式によって近似的に求めることができる．

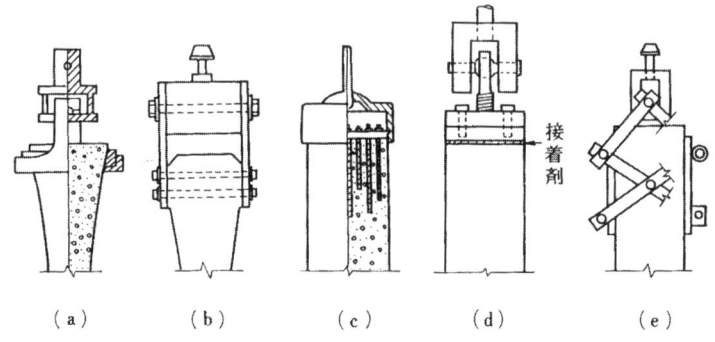

図 2.1　各種の直接引張供試体と加力部

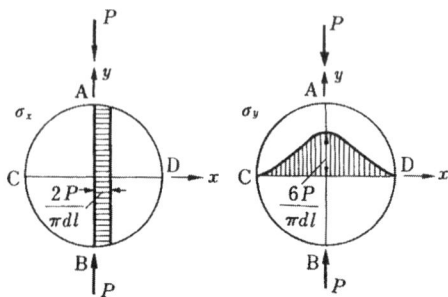

(a) AB面の応力分布　(b) CD面の応力分布

図 2.2　弾性円板の内部応力分布

$$f_t = \frac{2 \times P}{\pi \times d \times l} \tag{2.1}$$

ここに，f_t：引張強度 [N/mm^2]，d：供試体の直径 [mm]，l：供試体の長さ [mm]，P：最大荷重 [N]．

直接引張強度と割裂引張強度はほぼ等しいことが一般に認められており，コンクリートの引張強度を求めるための標準試験方法として，割裂引張強度試験が多くの国で規格化されている．

（3） 曲げ試験方法

（a） 試験目的

材料の曲げ強度，曲げ変形性能，欠陥の有無などを調べるための試験方法である．一般に鋼材の曲げ試験は，加工性の良否，欠陥の有無などを調べる目的で行われ，木材の曲げ試験は，曲げ強度やたわみ性質に関連する曲げヤング係数などを測定するために実施される．一方，コンクリートの曲げ試験は，曲げ載荷時の強度や変形性質を調べるために行われ，曲げ強度はコンクリート舗装の設計や品質管理のために用いられている．

JIS では，金属材料，コンクリートおよび木材の曲げ強度試験について，下記のものが規格化されている．

　　JIS Z 2248：金属材料曲げ試験方法

　　JIS A 1106：コンクリートの曲げ強度試験方法

　　JIS Z 2101：木材の試験方法

（b） 試験方法

曲げ試験方法としては，図 2.3 に示すように 1 点集中載荷，2 点集中載荷あるいは 3 等分点載荷，等分布載荷などがある．これらのうち，2 点集中載荷方法は曲げスパン部にせん断力が生じないため，曲げモーメントだけによる材料の性質を調べるのに適した方法である．

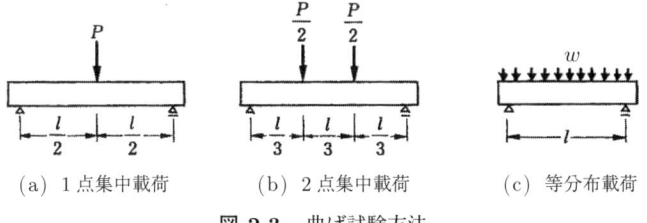

(a) 1 点集中載荷　　(b) 2 点集中載荷　　(c) 等分布載荷

図 **2.3**　曲げ試験方法

1） 鋼材の曲げ試験方法

鋼材の曲げ試験方法としては，押曲げ法，巻付け法およびVブロック法の3種類が規定されており，鋼材の加工性の良否が試験後に肉眼で観察される．

2） コンクリートの曲げ試験方法

コンクリートの曲げ試験方法としては，JIS A 1106 において 3 等分点載荷方法が規定されている．

3） 木材の曲げ試験方法

供試体は横断面が正方形の角柱体とし，辺長を 20〜40 mm として，単純支持，中央集中載荷方式で載荷する方法が JIS Z 2101 に定められている．

（c） 結果の整理方法

コンクリートや木材の曲げ強度（f_b）は，材料が完全弾性性質を示すと仮定して，一般に次式で求められる．

$$f_b = \frac{M}{Z} \tag{2.2}$$

ここに，f_b：曲げ強度 [N/mm^2]，M：曲げモーメント [N·mm]，Z：断面係数 [mm^3]．

2.2 ひずみおよび応力の測定方法

構造材料の性質，とくに力学的性質を調べるためには，ひずみ（または変位）と応力（または荷重）の関係が必須である．

ここでは，ひずみと応力の測定方法として，現在一般的に用いられている方法について説明する．なお，変位および荷重を測定する方法も，便宜上それぞれひずみおよび応力の測定方法に含めるものとする．

（1） ひずみと応力の基本概念

あらゆる材料は，外力，温度変化，化学変化などの作用を受けると，伸び，縮みあるいはずれなどの変形を生じる．図 2.4 に示すように，材料に軸方向力が作用すると，垂直応力および垂直ひずみが生じる．

$$\sigma = \frac{P}{A} \tag{2.3}$$

ここに，σ：垂直応力 [N/mm^2]，P：軸方向力 [N]，A：断面積 [mm^2]．

$$\varepsilon = \frac{\Delta h}{h} \tag{2.4}$$

ここに，ε：垂直ひずみ，Δh：変形量 [mm]，h：元の長さ [mm]．

完全弾性材料の σ-ε 関係は，次式で表される．

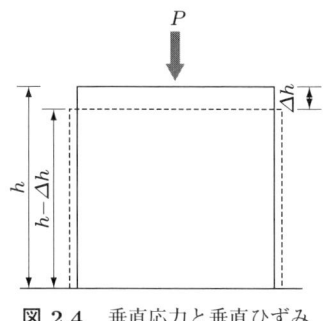

図 2.4　垂直応力と垂直ひずみ　　図 2.5　せん断応力とせん断ひずみ

$$\sigma = E \times \varepsilon \tag{2.5}$$

ここに，E：ヤング係数または（縦）弾性係数．

一方，図 2.5 に示すように，材料にせん断力が作用すると，せん断応力およびせん断ひずみが生じる．

$$\tau = \frac{Q}{A} \tag{2.6}$$

ここに，τ：せん断応力 [N/mm^2]，Q：せん断力 [N]，A：断面積 [mm^2]

$$\gamma = \frac{\Delta d}{h} \tag{2.7}$$

ここに，γ：せん断ひずみ，Δd：変形量 [mm]，h：高さ [mm]．

完全弾性材料の τ–γ 関係は，次式で表される．

$$\tau = G \times \gamma \tag{2.8}$$

ここに，G：せん断弾性係数．

[注意]　応力，ひずみは，厳密には応力度，ひずみ度という．

　構造材料の変形性質は，一般に応力–ひずみ曲線で表される．コンクリートは圧縮材として使用し，鋼は引張材として使用する場合が多いため，コンクリートに対しては圧縮載荷時の応力–ひずみ曲線が，鋼に対しては引張載荷時の応力–ひずみ曲線が重要となる．

（2）　ひずみの測定方法

ひずみおよび変位の測定方法は，一般に (a) 機械的測定法，(b) 電気的測定法および (c) 光学的測定法に分けられる．

（a）　機械的測定法

機械的測定法とは，ある 2 点間（標点距離）の平均変位量をてこやギア装置などを用いて拡大して読み取る方法である．ここでは，1) ダイアルゲージ，2) コンタクトゲージ，3) コンプレッソメータおよびエクステンソメータについて説明する．

1) ダイアルゲージ　　ダイアルゲージは，写真 2.1 に示すように，変位量を内蔵のギア装置により拡大して指針で読み取る変位計である．一般には，最小目盛 1/100 mm または 1/1000 mm のものがよく用いられる．変位の測定長（ストローク）は，測定精度の高いものほど小さく，1/100 mm 目盛のダイアルゲージでは 20 mm～50 mm，1/1000 mm 目盛のダイアルゲージでは，1 mm～10 mm 程度のものが多い．ダイアルゲージの利点は，変位量を直接読み取ることができること，取付けが簡単であり，測定時の温・湿度によるひずみの測定誤差が小さいこと，などである．なお，ダイアルはダイヤルともいう．

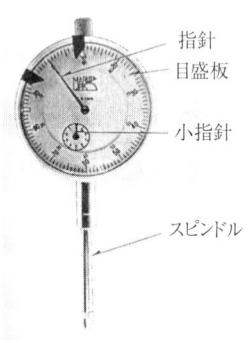

写真 2.1　　ダイアルゲージ

2) コンタクトゲージ　　コンタクトゲージは，変位量をてこにより拡大して読むものである（図 2.6 参照）．コンタクトゲージは計測脚の方に円錐孔があり，測定部に鋼球を打ち込んだ鋼環標点に計測脚を押し当てて計測する計器である．この方式の特徴は，測定値に人為的誤差が入りにくく，取扱いが簡単で多数点の測定が可能である点にある．鋼球標点は，被測定物が鋼材の場合には，図 2.7 に示すような手順で直接

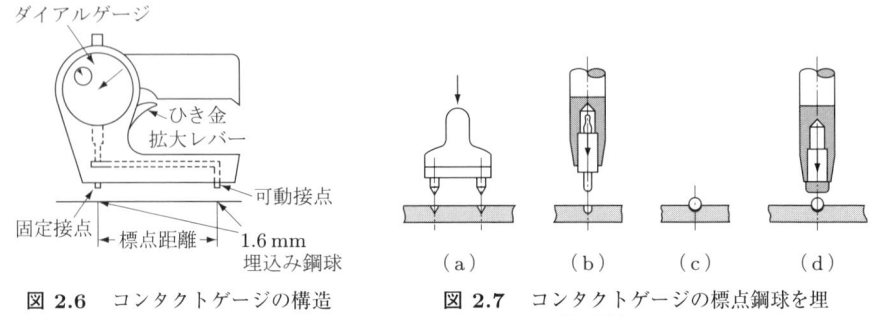

図 2.6　コンタクトゲージの構造　　　図 2.7　コンタクトゲージの標点鋼球を埋め込む順序

鋼球を打ち込めるが，コンクリートなどでは鋼球を打ち込んだ金属板を接着して作製する．

3) コンプレッソメータおよびエクステンソメータ　写真 2.2 に示すように，コンプレッソメータは，コンクリート円柱供試体の縦方向のひずみ測定に使用され，実際のひずみをてこの原理で 2 倍に拡大して，ダイアルゲージで読み取るものである．一方，エクステンソメータは，写真 2.3 に示すように，コンクリート円柱供試体の横方向のひずみの測定に用いられ，実際のひずみを 3 倍に拡大してダイアルゲージで読み取る．通常，これら 2 つの計器を組み合わせて縦ひずみと横ひずみを同時に測定する．

ダイアルゲージのかわりに，接触型変位計を取り付け，電気的に変位を測定することが一般的になった．この場合，パソコンによるデータ処理が容易である．

写真 2.2　コンプレッソメータ　　　　**写真 2.3**　エクステンソメータ

(b)　電気的測定法

ひずみの電気的測定法とは，ある標点間の変位量を電圧，電流などの電気量に変換して高倍率，高精度で読み取る方法である．電気的測定法は，機械的測定法に比べて，ひずみの拡大率が大きいこと，ひずみ計が小型であること，多点同時測定，遠隔測定および自己記録などが可能であること，急速な応力変化に対応するひずみの変化に追従できることなどの利点がある．

電気的ひずみ計は，大別すると金属細線の伸縮に伴う電気抵抗の変化を利用する，1) ワイヤーストレインゲージ，2) モールドゲージ，3) パイゲージと，機械的ひずみ計のダイアルゲージに相当する部分を電気的検出器に置換する 4) マグネチックストレインゲージと，5) ひずみゲージ式変位計に大別できる．

1) ワイヤーストレインゲージ　ワイヤーストレインゲージは，電気的抵抗線にひずみが生じるとその抵抗値が変化する性質を利用したもので，変形量ではなくひずみそのものを検出できる．その構造は，図 2.8 に示すようにプラスチックの薄いゲージベースに細い抵抗線（通常 0.025 mm～1 mm 程度）を貼り付け，その抵抗線の両端にリード線を接続したものである．測定に際しては，まず，測定部表面にストレイン

ゲージを接着して，被測定部の変位とストレインゲージの変位が連動するようにしたのち，ワイヤーストレインゲージを接続した各種計測機器によってひずみを読み取る．

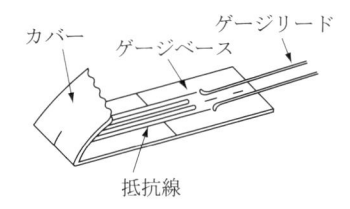

図 2.8　ワイヤーストレインゲージの構造

■ストレインゲージの，① 測定原理，② 種類ならびに ③ 接着方法は次のとおりである．

① **測定原理**　図 2.9 は，ワイヤーストレインゲージ中の金属抵抗線の引張による変形を示したものである．いま抵抗線の基準長さを L，断面積を A，電気抵抗を R，また変形後のそれぞれの値の変化量を ΔL, ΔA, ΔR で表すと，電気抵抗 R と抵抗線長さ L との関係は

$$R = \frac{\rho L}{A} \tag{2.9}$$

ここに，ρ：材料固有の比抵抗値．

となり，両辺の対数をとって微分すると，次式が得られる．

$$\frac{\Delta R}{R} = \frac{\Delta \rho}{\rho} + \frac{\Delta L}{L} - \frac{\Delta A}{A} \tag{2.10}$$

円形断面の場合の断面変化率は

$$\frac{\Delta A}{A} = 2\frac{\Delta d}{d} = -2\nu \frac{\Delta L}{L} = -2\nu\varepsilon \tag{2.11}$$

比抵抗変化率 $\Delta \rho/\rho$ を材料によって決まる定数とすると

$$\frac{\Delta \rho}{\rho} = m\frac{\Delta V}{V} \tag{2.12}$$

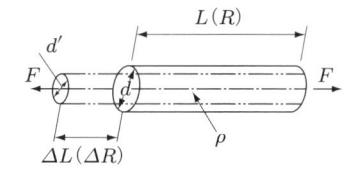

図 2.9　金属抵抗線の引張による変形

ここに，ν：抵抗線のポアソン比，ε：抵抗線のひずみ，d：抵抗線の直径，m：定数，$\Delta V/V = (1-2\nu)(\Delta L/L)$．

式 (2.11) と式 (2.12) を式 (2.10) に代入すると次式が得られる．

$$\frac{\Delta R}{R} = \{(1+2\nu) + m(1-2\nu)\}\varepsilon = K\varepsilon \tag{2.13}$$

ここに，K の値はひずみ感度またはゲージファクターと呼ばれる．

式 (2.13) からストレインゲージの抵抗変化と抵抗線のひずみとは 1 次の比例関係にあることがわかる．被測定部のひずみと等量のストレインゲージの抵抗線のひずみを式 (2.13) より抵抗線の抵抗変化に置換し，さらにホイートストンブリッジを用いて電圧に変換する．最後に，この電圧の変化をひずみ量に換算する測定器を通して，被測定部のひずみを検出する．なお，ホイートストンブリッジによる抵抗変化と電圧との関係は次のとおりである．いま，図 2.10 に示すように 4 個の抵抗端子をもったホイートストンブリッジの一対の端子に一定の入力電圧 e_i を与えておき，対角端子の出力電圧を計測する．ここに出力電圧 e は，次式で示される．

$$e = e_i \cdot \frac{R_1 R_3 - R_2 R_4}{(R_1 + R_2)(R_3 + R_4)} \tag{2.14}$$

$R_1 R_3 = R_2 R_4$ の場合は $e = 0$ となり，$R_1 = R_2 = R_3 = R_4 = R$ として，$R_1 = R \pm \Delta R$ だけ変化したとすると，出力電圧は，$e = \pm e_i \cdot \Delta R/4R$ となる．したがって，式 (2.13) から，

$$e = \pm \frac{K\varepsilon}{4} e_i \tag{2.15}$$

式 (2.15) より，抵抗線のひずみと出力電圧 e とは比例関係にあることがわかる．

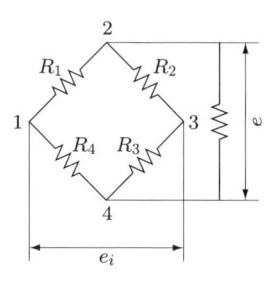

図 2.10 ホイートストンブリッジ

② **種　類**　ワイヤーストレインゲージの種類は，抵抗線の材質，形状，ゲージベースの種類，抵抗線の配置の仕方，使途などによって分けられる．抵抗線として金属細線を使用したものを抵抗線ゲージ，金属はくを使用したものをはくゲージ，半導体を使用したものを半導体ゲージと呼んでいる．抵抗線の配置によって分

類すると，図 2.11 に示すように，抵抗線を 1 方向に配置した一軸型ゲージ，2 方向に配置した二軸型ゲージ，さらに 3 本の単軸ゲージを同一ベースに配置した三軸型ゲージなどに分けられる．また，用途別には，一般用の他に高温用，低温用，塑性変形用などのストレインゲージが開発されている．

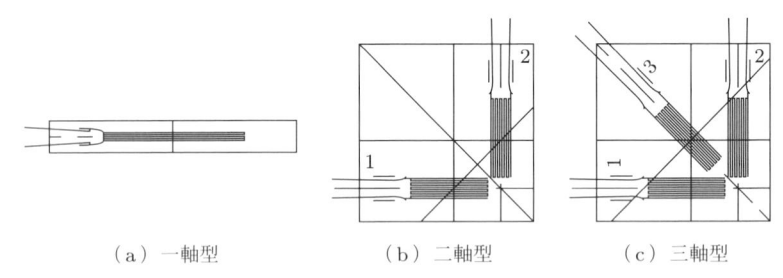

(a) 一軸型　　　　(b) 二軸型　　　　(c) 三軸型

図 2.11 抵抗線の配置によるストレインゲージの分類

表 2.2 ひずみゲージの主な種類とその特性および用途

種類	抵抗素子	ベース	使用温度範囲 [°C]	ひずみ限界 [%]	疲労寿命	主な用途・特徴
ポリエステルゲージ	Cu-Ni 線	ポリエルテル	$-20 \sim +80$	2	1.0×10^5	金属，コンクリートなど一般用，ベースが透明なので接着位置の良否がわかりやすい．
塑性域ゲージ	Cu-Ni 線またははく	ポリイミド特殊プラスチック	$-20 \sim +80$	$10 \sim 20$	1.0×10^6 1.0×10^4	金属，プラスチックなどの大ひずみ計測用．
高温はくゲージ	特殊合金はく	ポリイミド	$-196 \sim +350$	1.0	2.0×10^5	200〜300°C の高温用ゲージでスポット溶接あるいは常温接着をする．
高温用ゲージ	Ni-Cr 線	セラミック	$-20 \sim +300$	1.0	5.0×10^4	
低温用ゲージ	特殊合金はく	ポリイミド	$-269 \sim +180$	2.2	1.0×10^6	極低温における一般応力測定用，LNG タンクなどのひずみ測定用．
応用ゲージ	Cu-Ni はく	ポリイミド	$-20 \sim +200$	—	1.0×10^6	軸方向のひずみだけでなく，直角方向の応力もポアソン比に関連した割合の感度をもっている．軟鋼用，ステンレス用，アルミニウム用がある．
半導体ゲージ	p および n 形 Si	フェノール	$-50 \sim +170$	0.3	2.0×10^6	一般の応力測定や温度による変化が小さいので変換器に使用する．

これらのストレインゲージによるひずみ値は被測定物の材質や温・湿度などによって大きく異なるため，ゲージの特色はゲージベースの種類によって決まることが多い．このため，ストレインゲージを使用する際は，被測定物の材質・測定条件に適したゲージを選ぶ必要がある．
　特性および用途を表2.2に示す．

　③ 接着方法　　一般的なひずみゲージの接着手順は次の1.～10.のとおりである．

1. 被測定物のゲージ貼付場所をサンドペーパーでゲージの面積よりもかなり広範囲に磨く（写真2.4）．
2. 貼付場所をアセトンなどの揮発性が高く油脂を溶かす作用のある溶液を含ませたガーゼ，脱脂綿などで，一方向に強く拭き取る．この時往復させてはいけない．
3. ひずみゲージや接着剤は湿気に弱いため，被測定箇所をよく乾燥させた後，ゲージ接着面にくぼみや穴があいているときは，あらかじめ使用する接着剤をうすく塗り，接着面を平滑にする．
4. ゲージの貼付位置に鉛筆などで軸線を記入する（写真2.5）．
5. ゲージの裏表をよく確かめて裏側に接着剤をたらし，あらかじめ記入しておいた軸線と一致させるようにゲージを置く．
6. ゲージをポリエチレンシートで覆い，指またはローラーでゲージの中央部から端部に向けてころがすように圧着し，余分な接着剤や気泡を除去する．一度貼ったゲージは位置を直すためにはがしたりしないこと（写真2.6）．

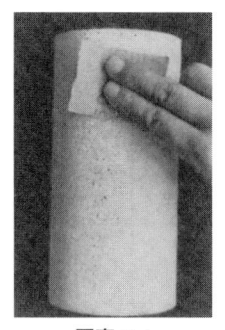

写真2.4　サンドペーパーのかけ方　　**写真2.5**　ゲージ貼付位置の軸線　　**写真2.6**　ゲージの貼り方

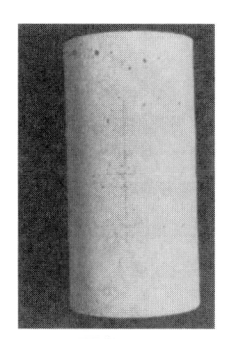

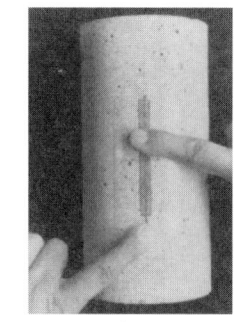

7. 場合によっては，ゲージ接着部に60～70℃の温風を当てて接着剤の硬化を促進させる．

8. ゲージリード線を被測定物から浮かし，接触しないようにビニールテープを写真のように2枚貼る（写真2.7）．
9. テスターで断線していないかどうかをチェックする．
10. 最近は，ゲージとリード線があらかじめ接続したリード線付きひずみゲージが多く用いられている．写真2.8にリード線付きひずみゲージを示す．

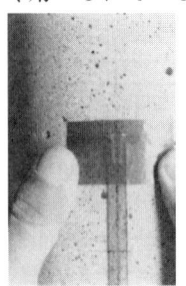

写真 2.7 ゲージリード線の固定

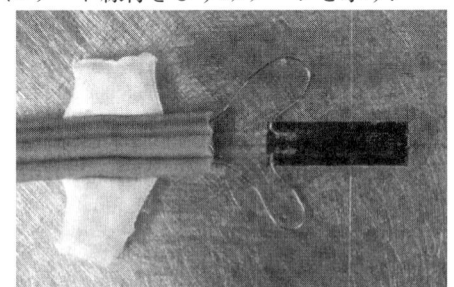

写真 2.8 リード線付きひずみゲージ
(東京測器研究資料：東京測器研究所 提供)

2) モールドゲージ　　モールドゲージは，被測定物の内部に埋め込んで使用する埋込型ゲージの一種で，主にコンクリート供試体の内部ひずみの測定やコンクリート構造物模型のひずみの測定に用いられる．モールドゲージの構造は円筒形または細長い板状のプラスチックの中にストレインゲージを収めたものである．このプラスチックはゲージの剛性を小さくするため，樹脂に可塑剤を加えて使用材質のヤング係数に近似させてある．円筒状のものは図2.12 (a) のような形状であり，直径5〜6 mm，長さ20〜60 mmぐらいの大きさのものもある．測定可能な限界ひずみは $\pm 1000 \times 10^{-6}$ 程度である．板状のものはゲージの上下面にコンテンダムを接着して表面の付着力が増大するようにしてある．ゲージの大きさは $60 \times 15 \times 5$ mm 程度で，2枚のプラスチック板の間にゲージをはさみ，熱圧着して一体化し，防水構造にしてある．

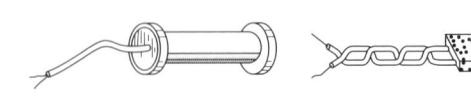

（a）円筒状　　　　（b）板状
図 2.12 モールドゲージ

写真 2.9 パイゲージ

3) パイゲージ　　パイゲージは比較的大きな標点距離の変位測定に適しており，コンクリート構造物や岩盤などのひび割れ幅の測定に利用される．パイゲージは写真

2.9 のように半円形のリングの中央部の表裏にストレインゲージを各 2 枚貼付し，コーティングしたものである．このゲージの特徴は 5～30 cm といった比較的大きな標点距離の中でごくわずかな変位量 (± 2～± 5 mm) を精度よく測定できるところにある．ただし，リングの反力があるのでゲージを被測定物に固定するのが難しい．

4) マグネチックストレインゲージ

マグネチックストレインゲージとは，標点間変位量をインダクタンスに変換するものである．このゲージの種類としては，変位量を自己インダクタンス，相互インダクタンスまたは透磁率の変化などに置換するものがある．これらのうち，相互インダクタンスを利用するものは，図 2.13 に示すようにソレノイドの内側の可動鉄心が移動するとインダクタンスが変化するような構造になっており，差動トランス型ひずみ（変位）計に利用される．このゲージの特徴は，ワイヤーストレインゲージに比べて出力が大きく安定しており，温度による測定値の変動も少なく，かなり大きな変位量を高精度で測定できる点にある．

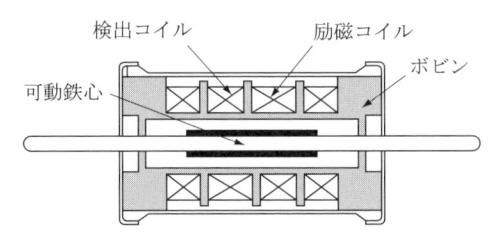

図 2.13 マグネチックストレインゲージ（差動トランス型の構造）

5) ひずみゲージ式変位計（接触型変位計）

ひずみゲージ式変位計を，図 2.14 および写真 2.10 に示す．変位計内にある起歪体が変位によって変形する．起歪体に貼ったひずみゲージは，変位によって抵抗値が変化する．この抵抗値から変位量に換算することにより，変位量を測定する．変位量を測定する方法として，最もよく使用されている．

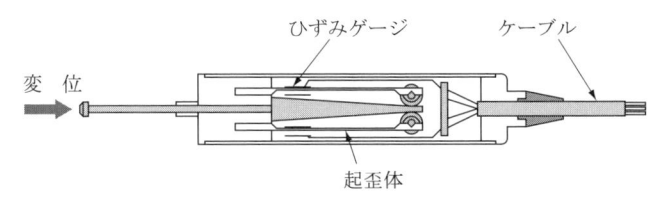

図 2.14 ひずみゲージ式変位計
(東京測器研究資料：東京測器研究所 提供)

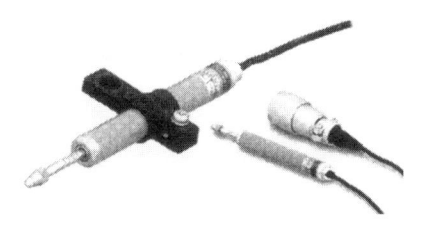

写真 2.10 ひずみゲージ式変位計
(東京測器研究資料：東京測器研究所 提供)

(c) 光学的測定法

レーザ式変位計　　レーザ式変位計は，発光素子と光位置検出素子を用いて，三角測量を応用した変位計である．図 2.15 に示すように発光素子から発せられたレーザ光は投光レンズを通して，測定対象物に照射される．対象物から反射されたレーザ光は受光レンズを通して光位置検出素子上に焦点を結ぶ．対象物が移動すると焦点位置も移動し，この位置を検出することにより対象物までの変位量を三角測量にて測定する．

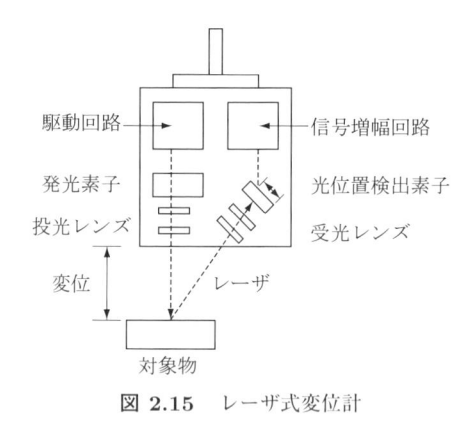

図 2.15 レーザ式変位計

(3) 応力の測定方法

応力または荷重は，ひずみから間接的に測定するのが一般的である．

(a) ひずみゲージ式荷重計 (ロードセル)

ロードセルとは，図 2.16 に示すように応力-ひずみ関係が既知の材料（一般に鋼材などの弾性材料が用いられる）に前述のストレインゲージを貼り付けて，そのひずみから応力を間接的に求めるものである．ロードセルの特徴は，小型かつ軽量で測定精度が高く，また応答性も高いため動的な荷重測定にも使用できることにある．種類としては，圧縮型，引張型，圧縮・引張両用型などがある．写真 2.11 に圧縮型を示す．

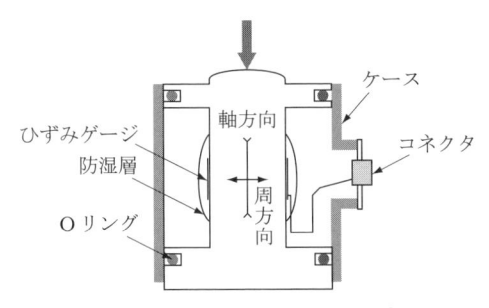

図 2.16 ひずみゲージ式荷重計
(東京測器研究資料：東京測器研究所 提供)

写真 2.11 ひずみゲージ式荷重計
(東京測器研究資料：東京測器研究所 提供)

（b） ひずみゲージ式圧力計

図 2.17 と写真 2.12 にひずみゲージ式圧力計を示す．圧力計内に設置したひずみゲージが圧力によって変形し，このときの電気的抵抗値から圧力を算出する．

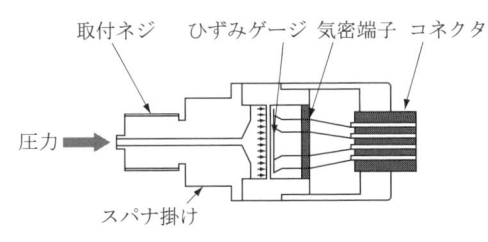

図 2.17 ひずみゲージ式圧力計
(東京測器研究資料：東京測器研究所 提供)

写真 2.12 ひずみゲージ式圧力計
(東京測器研究資料：東京測器研究所 提供)

（4） 周辺測定機器

電気的なひずみや応力の測定法は，(a) 静的測定法と (b) 動的測定法とに大別できる．

（a） 静的測定法

静的測定装置は，図 2.18 に示すように，ひずみゲージまたはひずみゲージ式変換器，スイッチボックスまたはスキャナ，静ひずみ測定器（アナログ方式とディジタル方式とがある）および各種の記録計から構成されている．スイッチボックスは，各測定点ごとに図 2.10 のブリッジ回路が構成されており，この回路の平衡をとるための調

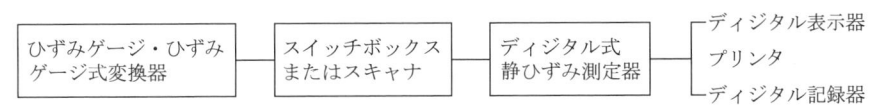

図 2.18 静ひずみ測定システムと周辺機器

整器がついている．ブリッジの平衡調整，チャンネルの切換え（スキャン）および記録などを自動的に行うことのできるディジタル方式のオートバランス，自動計測・記録型の測定器である．ディジタル式静ひずみ測定器は，1個の内蔵 A–D 変換器，アナログ量（電圧など）をディジタル量に変換する装置である．

通常の自動ディジタル式静ひずみ測定器のサンプリング速度は，1チャンネル当たり 10 点/秒程度であるが，最近では多チャンネルの計測を瞬時に行うことのできる 1000 点/秒程度の高速サンプリングが可能なディジタル式静ひずみ測定器もある．

（b） 動的測定法

動的な測定は，取り扱う現象の応答変化が速いため，動ひずみ測定器で増幅したデータを図 2.19 に示すように，A–D 変換器とディジタル記録装置を用いて記録する方法などが一般的である．なお，衝撃試験を行う際のデータ計測のように，数十 kHz 以上の高周波数成分を含む測定値が必要な場合には，上記の装置では計測が不可能な場合がある．そのような場合には，一時的にデータを記録し，その後時間軸を記録装置に応じて拡大して出力できる機能を有した超高速 A–D 変換器と記録装置とを組み合わせた波形記憶装置が用いられる．

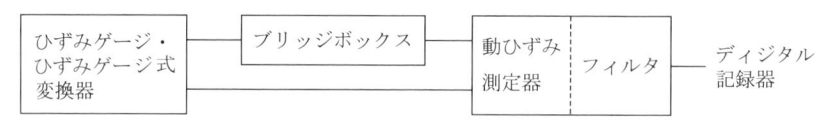

図 2.19 動ひずみ測定システムと周辺機器

（5） 計測・処理システム

従来の計測・処理の手順は，測定→記録→処理というような 1 方向流れとなっている場合が多かった．現在は，試験装置 (加力装置など) を含めた計測システム全体をパソコンで制御し，計測データをリアルタイムで処理したのち，その結果を実験 (次ステップの加力など) にフィードバックするというオンライン実験・計測・処理システムが一般的である．なお，計測機と計算機とは，USB または LAN インターフェースを利用して結合されている．

演習問題

1. 鋼とコンクリートを構造材料として使用する場合，鋼について引張試験が，またコンクリートについては圧縮試験が最も重要であるが，その理由を説明せよ．また，これらの試験によって求められる力学的性質を列挙せよ．

2. ひずみの測定方法の種類とその概要を説明せよ．
3. ワイヤーストレインゲージによるひずみの測定原理を説明せよ．
4. ワイヤーストレインゲージの接着方法および取扱い上注意すべき点を列挙せよ．
5. 応力の測定方法の種類とその概要を説明せよ．
6. ホイートストンブリッジの原理と特徴を説明せよ．
7. コンクリートの応力とひずみの関係を測定する方法を説明せよ．

3 実験値の整理方法

　本書に示されている各種の実験によって得られた測定値には，常に測定の精度に応じた誤差が含まれているため，測定値は信頼できる有効な桁数の数値で表示する必要がある．また，電卓等を用いて測定値同士の演算を行うと，演算結果は電卓の性能に応じた桁数で表示されるが，この際も演算結果は信頼できる有効な桁数に丸める必要がある．本章では，これらの測定値の表示方法，ならびに本書に示されている実験の結果を評価する際に必要となるデータ処理方法のうち，重要と思われる測定値のまとめ方，測定値の棄却および回帰と相関について説明する．

3.1 測定値のまとめ方

(1) 測定値に伴う誤差

　測定を繰り返して行うとき，同じ方法で行っても測定値には必ずばらつきが伴う．これは，測定に際してさまざまな誤差が入り込むためである．測定に伴うこれらの誤差には，定誤差，過失および偶然誤差がある．

(a) 定誤差

　定誤差とは，一定条件のもとで行った測定において，常に同じ大きさとなる誤差のことをいい，系統的誤差または累差ともいう．この中には，機械的誤差（目盛の不正などによって生じるものなど），物理的誤差（光線の屈折によるものなど），個人的誤差（測定者の特性として，ある量を常に過大または過小に評価することによるもの）などが含まれる．

(b) 過失

　過失とは，目盛の読み誤りや書き誤りなどによって生じる誤差のことをいう．この誤差は十分注意すれば除去できる．

（c）偶然誤差

偶然誤差とは，定誤差および過失を取り去っても生じる誤差のことをいい，偶差または償差ともいう．

このように，測定値は取り除くことのできないばらつきがあるため，得られた測定値は統計量として扱う必要がある．

（2）測定値の書き方

（a）有効数字

上述のように，測定値には測定の精度に応じた各種の誤差が含まれているため，測定値は信頼できる有効な桁数の数字で表示する必要がある．この数字のことを有効数字といい，その桁数のことを有効数字の桁数という．たとえば，測定値として188.4 kNと表示されている場合は，基本的には188.4 ± 0.05 kNの信頼性があることを意味する．

また，測定値同士の四則演算では，有効数字の桁数は，原則として演算によって増加することはないが，以下の点を考慮して演算結果を表示する．

（b）加減演算に伴う有効数字の桁数

加減演算の結果の桁数は，絶対誤差（単に誤差ともいう）の最も大きい測定値の桁数に合わせることを原則とする．たとえば，$188.4 + 25.03$の測定値の加算結果は，$188.4 + 25.03 = 213.43$の計算結果を絶対誤差の大きい測定値188.4の0.1の桁に合わせて213.4とする．ただし，平均値の場合は，個々の測定値の誤差も，測定値の数が多くなると小さくなるため，有効数字の桁数を表3.1に従って増すことができる．

表 3.1 平均値の桁数

測定値の有効数字	測定値の数 n		
1　の場合	−	2～20	21～200
2～4 の場合	3 以下	4～40	41～400
5～9 の場合	9 以下	10～100	101～1,000
平均値の桁数	測定値と同じ	測定値より1桁多く	測定値より2桁多く

（c）乗除演算に伴う有効数字の桁数

乗除演算の結果の桁数は，相対誤差（絶対誤差／その測定値）が最も大きい測定値の桁数に合わせる．一般的には，計算結果を有効数字の桁数が最も小さい数値に合わせる．

（d） 数値の丸め方

数値の丸め方には，四捨五入，切り捨て，切り上げなど，いくつかの方法があるが，わが国では，JIS Z 8401–1999「数値の丸め方」で数値の丸め方が規定されている．これによると，ある丸め幅に数値を丸める場合には，丸めの操作は常に1段階で行い，与えられた数値を丸め幅の整数倍の数値の中で最も近い値を丸めた数値とする．たとえば，丸め幅が0.1で，与えられた数値が12.223である場合には，丸めた数値は12.2となる．ただし，与えられた数値が12.25で，最も近い丸め幅の整数倍の候補が12.2と12.3の2つある場合には，

① 丸めによる誤差が最小となるように丸めた数値が偶数となる12.2を選ぶ，

② 丸めた数値が大きくなるように12.3を選ぶ，

の2種類の方法が示されているが，JIS規格では①の方法を推奨している．なお，②の方法は，いわゆる四捨五入として知られている方法である．

測定結果のまとめ方に関しては，測定値の丸め幅および丸めた数値の選び方がそれぞれの規定等で定められている場合があるが，そのような場合にはそれらの指示に従う．

（3） 測定値による母数の推定

実験によって得られた測定値は，その測定値が属する母集団の情報ではあるが，母集団そのものではなく，あくまでも母集団から抽出された標本としての情報である．したがって，測定値に含まれる情報から母集団の特性値を推定する必要がある．

（a） 平均値および分散の推定

実験により，n個の測定値$x_1, x_2, \cdots, x_n$が得られたとき，平均値および分散の不偏推定量（偏りのない推定量）は，それぞれ次の式で与えられる．

$$\overline{x} = \frac{1}{n}\sum_{i=1}^{n} x_i \tag{3.1}$$

$$\nu^2 = \frac{\sum_{i=1}^{n}(x_i - \overline{x})^2}{n-1} \tag{3.2}$$

ここに，$\overline{x}$：平均値の不偏推定値，ν^2：分散の不偏推定値（不偏分散ともいう）．

式(3.2)で表される不偏分散の平方根を標準偏差と呼び，ばらつきの指標としてよく用いられているが，平均値に対する相対的なばらつきを用いることも多い．これは，変動係数と呼ばれ，次の式で定義される無次元量である．

$$CV = \frac{\nu}{\overline{x}} \tag{3.3}$$

（b） 推定値の精度

上記の推定方法では，推定値の精度に関する情報が得られないため，信頼区間を補助的に用いることがある．いま，n 個の測定値 $x_1, x_2, \cdots, x_n$ が平均値 μ，分散 σ^2 の正規母集団から抽出された標本である場合を考えると，標本平均 $\overline{x}$ は平均値 μ，分散 σ^2/n をもつ正規分布に従い，正規化した $(\overline{x}-\mu)/(\sigma/\sqrt{n})$ は平均 0，分散 1 の標準正規分布に従うことが知られている．したがって，母平均値 μ が含まれる信頼度を $(1-\alpha)$ とし，図 3.1 に示すように累積確率 $\alpha/2$ および $(1-\alpha/2)$ に対する標準正規確率変量の値をそれぞれ $\pm u_{\alpha/2}$ で表すと，

$$\overline{x} \pm u_{\alpha/2} \cdot \frac{\sigma}{\sqrt{n}} \tag{3.4}$$

は，母平均 μ の $(1-\alpha) \times 100\%$ 信頼区間となる．なお，$u_{\alpha/2}$ は，標準正規確率表を用いて簡単に求められるが，次に示す近似式を用いて計算することもできる．

$$u_{\alpha/2} = \left\{ f\left(2.0611786 - \frac{5.726224}{f+11.640595}\right) \right\}^2, \quad f = -\ln\left\{2\alpha\left(1-\frac{\alpha}{2}\right)\right\} \tag{3.5}$$

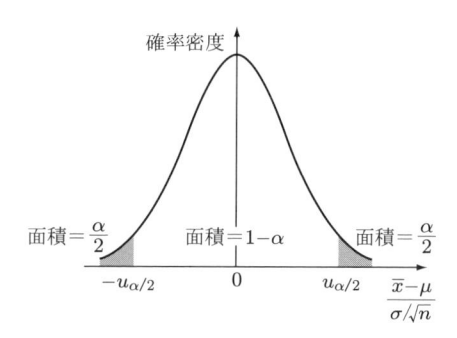

図 3.1 $(\overline{x}-\mu)/(\sigma/\sqrt{n})$ の密度分布関数

（4） 測定値の図示方法

多くの測定値が得られた場合，データ処理の第 1 段階として，まず測定値に含まれている情報を総括的かつ視覚的に把握するために，それらの値が全体的にどのように分布しているかを図表化して検討することが多い．この手法のうち度数分布が最も重要である．ここでは度数分布表およびヒストグラム（度数図ともいう）の作成方法について述べる．

（a） 度数分布表

度数分布表を作成するために，まず次に示すような方法で測定値の範囲をある個数 (N) に分割し，各区間の幅および境界値を決定する．

① 分割数 (N) を，たとえば次の式で表されるスタージェスの方法によって決定する．

$$N = 1 + 3.32 \times \log_{10}(n) \tag{3.6}$$

ここに，n：測定値の個数．

なお，分割数を決定するためのこの他の方法としては，シャリエの方法（各区間の幅を標準偏差の1/3にとる方法）やフィッシャーの方法（各区間の幅を標準偏差の1/4にとる方法）などがある．

② 各区間の幅は，範囲を分割数で割った値に近く，かつ測定単位の整数倍に当たる数値とする．
③ 境界値は，各区間の中央値が見やすい数値となるように，かつ測定値が境界値に入らないように，測定単位の1/2だけずらせた値とする．

以上のようにして範囲が分割できたならば，次に各区間に入る測定値の数（度数）を調べて度数分布表を作成する．度数分布表の一例を表3.2に示す．表中の相対度数は，各区間の度数を測定値の総数で割った値である．

表 3.2 コンクリートの圧縮強度試験結果に関する度数分布表の一例

区間 [N/mm^2]	中央値 [N/mm^2]	度数（チェック）	度数	相対度数
23.75〜25.25	24.5	‖	2	0.014
25.25〜26.75	26.0	卌 ‖‖	8	0.057
26.75〜28.25	27.5	卌 卌 卌 卌 ‖	21	0.150
28.25〜29.75	29.0	卌 卌 卌 卌 卌 ‖‖‖	29	0.207
29.75〜31.25	30.5	卌 卌 卌 卌 卌 卌 卌	35	0.250
31.25〜32.75	32.0	卌 卌 卌 卌 卌 ‖	26	0.186
32.75〜34.25	33.5	卌 卌 卌	15	0.107
34.25〜35.75	35.0	‖‖‖	4	0.029

(b) ヒストグラム

度数分布表の度数を縦軸に，特性値を横軸にとって図示したものをヒストグラムという．ヒストグラムには，通常，測定値の総数 (n) を付記しておく．前掲の表3.2に示した度数分布を確率密度関数のグラフと比較したい場合には，頻度図が必要となるが，そのためには，ヒストグラムの縦軸をヒストグラムの全面積で割ればよい．すなわち，ヒストグラムの各面積の総和が1となるようにする．たとえば，図3.2の縦軸を140（測定値の総数）× 15（各区間の幅）= 2,100で割れば，対応する頻度分布図が得られる．

3.1 測定値のまとめ方　39

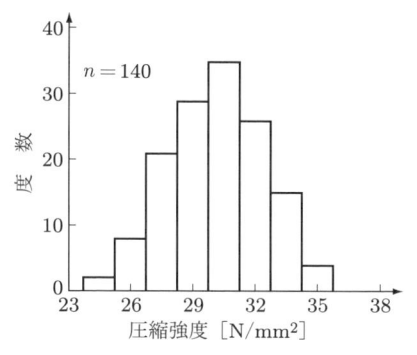

図 3.2　ヒストグラムの一例

度数分布を度数分布表やヒストグラムで表すと，次に示すように測定値の集団としての特徴をつかむことができる．

 i) 測定値はどのような値のまわりに分布しているか．
 ii) 測定値はどのようにばらついているか．
 iii) 測定値の分布は，中心に対して対称か，ひずんでいるか．
 iv) 分布は平か，とがっているか．
 v) 飛び離れた測定値はないか．

[例題 3.1] 同一条件のもとでコンクリートの曲げ強度試験を行った結果，次の測定値を得た．
　　　　5.27, 6.16, 6.55, 5.96, 5.46, 5.80, 5.59, 5.91, 6.02, 6.23 [N/mm^2]
これらの測定値の属する母集団の平均値 (μ) および分散 (σ^2) を推定せよ．また，平均値の95%信頼区間を示せ．

[解]　平均値の不偏推定量 ($\bar{x}$) は，式 (3.1) より

$$\bar{x} = \frac{\sum_{i=1}^{10} x_i}{10} = 5.90 \quad [\text{N/mm}^2]$$

である．また，分散の不偏推定量 (ν^2) は，式 (3.2) より

$$\nu^2 = \frac{\sum_{i=1}^{10}(x_i - \bar{x})^2}{10 - 1} = 0.146 \quad [(\text{N/mm}^2)^2]$$

となる．
　一方，平均値 (μ) の 95%信頼区間は，式 (3.4) より

$$\mu = 5.90 \pm u_{0.025} = \frac{\sqrt{0.146}}{\sqrt{10}}$$

$u_{0.025}$ の値は，式 (3.5) より

$$u_{0.025} = 1.96$$

したがって，

$$\mu = 5.90 \pm 1.96 \frac{\sqrt{0.146}}{\sqrt{10}} = 5.90 \pm 0.24 \quad [\text{N/mm}^2]$$

3.2 測定値の棄却

　一定条件のもとで得られた測定値のうち，いくつかが他のものと比較して著しく大きかったり，あるいは小さかったりすることがある．このような場合には，これらの測定値を棄却してよいかどうかを判断する必要がある．以下では，不良測定値の棄却検定法としてよく用いられるトンプソンの方法について述べる．

　ただし，飛び離れた値に対しては，それが得られたときの状況について十分な調査を行うことが先決であり，その結果なんらかの異常原因が認められたならば，その測定値を除いて以後の処理を行うべきである．

　n 個の測定値 $x_1, x_2, \cdots, x_n$ の平均を $\bar{x}$，分散を ν^2，また不良測定値を x_R とするとき，

$$t = \tau \sqrt{\frac{n-2}{n-1-\tau^2}} \quad \text{ただし，} \tau = \frac{x_R - \bar{x}}{\nu} \tag{3.7}$$

が自由度 $(n-2)$ の t 分布に従うことを利用して不良測定値の棄却を t 分布検定するのがトンプソンの方法である．種々の測定値個数 n および有意水準 α に対する式 (3.7) の τ の計算値 (τ_α) がトンプソンの棄却限界表（表 3.3）として与えられているため，この表を用いて簡単に棄却検定を行うことができる．すなわち，検定の手順としては，まず，

表 3.3　トンプソンの棄却限界表

n \ α	5%	1%	n \ α	5%	1%
4	1.65	1.71	15	1.92	2.40
5	1.76	1.92	16	1.93	2.41
6	1.81	2.05	17	1.93	2.42
7	1.85	2.14	18	1.93	2.43
8	1.87	2.21	19	1.93	2.44
9	1.88	2.26	20	1.93	2.45
10	1.90	2.29	21	1.94	2.45
11	1.90	2.32	22	1.94	2.46
12	1.91	2.35	23	1.94	2.47
13	1.92	2.37	24	1.94	2.47
14	1.92	2.38	25	1.94	2.47

$$\tau = \frac{|x_R - \overline{x}|}{\nu}, \text{ただし, } \nu = \sqrt{\frac{\sum_{i=1}^{n}(x_i - \overline{x})^2}{n}} \tag{3.8}$$

を計算し，次に有意水準 (α) を決め，測定値個数 (n) に対する τ_α の値を表 3.3 より求める．その結果，式 (3.8) の τ が τ_α よりも大きければ，x_R は棄却できるものと考える．

[例題 3.2] 同一条件のもとで鉄筋の引張試験を 5 回行った結果，降伏点は次のようになった.
　　　320, 380, 320, 350, 330 [N/mm^2]

以上の測定値のうち 380 N/mm^2 の値を棄却してもよいかどうかを判定せよ．

[解]　まず τ の値を式 (3.8) によって計算する．測定値の平均値 ($\overline{x}$) および標準偏差 (ν) は，それぞれ

$$\overline{x} = \frac{\sum_{i=1}^{5} x_i}{5} = 340 \quad [\text{N/mm}^2]$$

$$\nu = \sqrt{\frac{\sum_{i=1}^{5}(x_i - \overline{x})^2}{5-1}} = 25.5 \quad [\text{N/mm}^2]$$

であるため，τ の値は，

$$\tau = \frac{|x_R - \overline{x}|}{\nu} = \frac{|380 - 340|}{25.5} = 1.57$$

となる．一方，トンプソンの棄却限界表 (表 3.3) より有意水準 5% および 1% に対する τ_α の値は，それぞれ

$$\tau_{0.05} = 1.75, \quad \tau_{0.01} = 1.92$$

であり，いずれも τ の値よりも大きい．したがって，380 N/mm^2 の測定値は棄却できない．

▶ 3.3 回帰と相関

実験により，n 組の測定値 $(x_1, y_1), (x_2, y_2), \cdots, (x_n, y_n)$ を得た場合に，y を x の関数として表したいことがある．この場合，一般的には回帰分析と呼ばれる解析方法を用いて関数を決定する．また，変数間の直線関係の強さを調べるためには，相関分析を行う．

（1） 散布図

2 つの変数間の関数関係が理論的に明らかな場合には，関数に含まれる未知定数を求めるだけでよいが，関数関係が明らかでないときには，まずその関数形を決定しておく必要がある．そのためには，図 3.3 に示すように，まず得られた n 組の測定値を (x, y) 平面上に点として図示（これを散布図という）して傾向を調べる．測定値を散

布図として図示するには，Excel のグラフ機能の散布図を利用すると便利である．図示した散布図において，測定値の近傍を通る平滑な曲線を引き，この曲線の関数形を適当な方法によって定めるとよい．

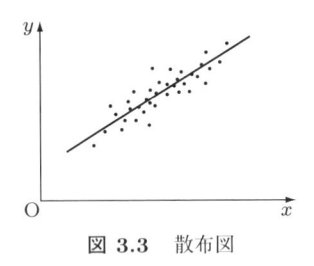

図 3.3 散布図

（2） 回帰式の求め方

ある測定値 (y_j) をそれ以外のいくつかの測定値 (x_{ij}) から，

$$y_j = c_1 \cdot x_{1j} + c_2 \cdot x_{2j} + \cdots + c_n \cdot x_{nj} + c_{n+1} \tag{3.9}$$

なる式を用いて推定する場合を考える．上式から明らかなように，実験定数 c_i を決定するためには，$n+1$ 組以上の測定値が必要である．いま，測定値が m 組 $(m \geqq n+1)$ 与えられているものとすると，式 (3.9) で表される測定方程式は，マトリクス形式で次のように与えられる．

$$\begin{bmatrix} x_{11} & x_{21} & \cdots & x_{n1} & 1 \\ x_{12} & x_{22} & \cdots & x_{n2} & 1 \\ \vdots & \vdots & \cdots & \vdots & \vdots \\ x_{1m} & x_{2m} & \cdots & x_{nm} & 1 \end{bmatrix} \begin{Bmatrix} c_1 \\ c_2 \\ \vdots \\ c_{n+1} \end{Bmatrix} = \begin{Bmatrix} y_1 \\ y_2 \\ \vdots \\ y_m \end{Bmatrix} \tag{3.10}$$

上式は，

$$[X]\{C\} = \{Y\} \tag{3.10}'$$

とも書ける．式 (3.10)′ の両辺にマトリクス $[X]$ の転置マトリクス $[X]^T$ を掛けると，

$$[X]^T[X]\{C\} = [X]^T\{Y\} \tag{3.11}$$

となり，式 (3.10)′ は $n+1$ 元の連立 1 次方程式に変換される．式 (3.11) は，定数 c_i を決定するための正規方程式であり，この連立 1 次方程式を解くことによって定数 c_i が求まる．いま，例として n 組の測定値 (x_i, y_i) から，

$$y = a \cdot x + b \tag{3.12}$$

のように y を x の 1 次関数として表し，式中の定数 a および b を推定する場合を考えてみる．このとき，前掲の式 (3.11) のマトリクス演算を実行すると，

$$\begin{bmatrix} x_1 & x_2 & \cdots & x_n \\ 1 & 1 & \cdots & 1 \end{bmatrix} \begin{bmatrix} x_1 & 1 \\ x_2 & 1 \\ \vdots & \vdots \\ x_0 & 1 \end{bmatrix} \begin{Bmatrix} a \\ b \end{Bmatrix} = \begin{bmatrix} x_1 & x_2 & \cdots & x_n \\ 1 & 1 & \cdots & 1 \end{bmatrix} \begin{Bmatrix} y_1 \\ y_2 \\ \vdots \\ y_n \end{Bmatrix} \tag{3.13}$$

すなわち,

$$\begin{bmatrix} \sum_{i=1}^{n} x_i{}^2 & \sum_{i=1}^{n} x_i \\ \sum_{i=1}^{n} x_i & n \end{bmatrix} \begin{Bmatrix} a \\ b \end{Bmatrix} = \begin{Bmatrix} \sum_{i=1}^{n} x_i \cdot y_i \\ \sum_{i=1}^{n} y_i \end{Bmatrix} \tag{3.13$'$}$$

となる.式 (3.13)$'$ の連立一次方程式を解くと,

$$b = \frac{n \sum_{i=1}^{n} x_i \cdot y_i - \sum_{i=1}^{n} x_i \sum_{i=1}^{n} y_i}{n \sum_{i=1}^{n} x_i{}^2 - \left(\sum_{i=1}^{n} x_i\right)^2}, \quad a = \frac{\sum_{i=1}^{n} y_i - b \sum_{i=1}^{n} x_i}{n} \tag{3.14}$$

となる.

以上では,マトリクス表示による推定式の作成方法を述べたが,以下では,これが通常の最小2乗法を用いて式 (3.12) 中の定数 (a および b) を推定する方法と一致することを示す.この場合の最小2乗法は,n 個の測定値 (y_i) と推定値 ($a \cdot x_i + b$) との差 (e_i, これを残差という) の2乗和を最小にする a と b の値を求める問題である.すなわち,

$$\sum_{i=1}^{n} e_i = \sum_{i=1}^{n} \{y_i - (a \cdot x_i + b)\}^2 \quad \to \quad 最小 \tag{3.15}$$

である.式 (3.15) を満足させる条件は,一般に

$$\frac{\partial e_i{}^2}{\partial a} = 0 \quad および \quad \frac{\partial e_i{}^2}{\partial b} = 0 \tag{3.16}$$

で与えられ,結局,式 (3.16) は

$$\begin{aligned} a \sum_{i=1}^{n} x_i{}^2 + b \sum_{i=1}^{n} x_i &= \sum_{i=1}^{n} x_i \cdot y_i \\ a \sum_{i=1}^{n} x_i + b \cdot n &= \sum_{i=1}^{n} y_i \end{aligned} \tag{3.17}$$

となる.式 (3.17) は,最小2乗法による定数 a および b に関する正規方程式であるが,この式が前掲の式 (3.13)$'$ と等しいことは明らかである.

（3） 相関係数の求め方

n 組の測定値 $(x_1, y_1), (x_2, y_2), \cdots, (x_n, y_n)$ があるとき，変数 x と y 間の線形関係の強さを表す相関係数 (CR) は，次の式で定義される．

$$CR = \frac{1}{n-1} \cdot \frac{\sum_{i=1}^{n}(x_i - \overline{x})(y_i - \overline{y})}{v_x \cdot v_y} \tag{3.18}$$

ここに，

$$\overline{x} = \frac{1}{n}\sum_{i=1}^{n} x_i, \quad \overline{y} = \frac{1}{n}\sum_{i=1}^{n} y_i$$

$$v_x = \sqrt{\frac{\sum_{i=1}^{n}(x_i - \overline{x})^2}{n-1}}, \quad v_y = \sqrt{\frac{\sum_{i=1}^{n}(y_i - \overline{y})^2}{n-1}} \tag{3.19}$$

式 (3.18) は，式 (3.19) を用いて次の式 (3.20) または式 (3.21) のように整理できる．

$$CR = \frac{\sum_{i=1}^{n}(x_i - \overline{x})(y_i - \overline{y})}{\sqrt{\sum_{i=1}^{n}(x_i - \overline{x})^2} \cdot \sqrt{\sum_{i=1}^{n}(y_i - \overline{y})^2}} \tag{3.20}$$

$$CR = \frac{\sum_{i=1}^{n} x_i \cdot y_i - n \cdot \overline{x} \cdot \overline{y}}{\sqrt{\left(\sum_{i=1}^{n} x_i^2 - n \cdot \overline{x}^2\right)\left(\sum_{i=1}^{n} y_i^2 - n \cdot \overline{y}^2\right)}} \tag{3.21}$$

相関係数 (CR) は，-1 と $+1$ の範囲で変化し，$CR = \pm 1$ の場合には，x と y は図 3.4(a) および (b) に示すような直線関係にある．一方，$CR = 0$ の場合には，x と y は図 3.4(c) のようにばらつく．しかしながら，図 3.4(e) および (f) から明らかなように，x と y に完全な関数関係が認められても，その関係が非線形であれば $CR = 0$ となることがある．したがって，相関係数の絶対値は，2 つの変数の間の線形関係の強さを表す指標であることに注意しなければならない．

［例題 3.3］ 次の表は，炭素含有量を変化させた場合の鋼材の降伏点 (σ_s) と炭素含有量 (C) との関係を示したものである．

これらの結果をもとにして σ_s と C との関係を表す実験式および相関係数を求めよ．

C [%]	0.1	0.2	0.3	0.4	0.5	0.6
σ_s [N/mm²]	240	320	330	420	440	530

［解］ 降伏点と炭素含有量との関係を散布図によって表すと，図 3.5 のように，ほぼ直線関係にある．したがって，次に示す 1 次関数によって実験式を作成する．

(a) $r=+1.0$ (b) $r=-1.0$ (c) $r=0$

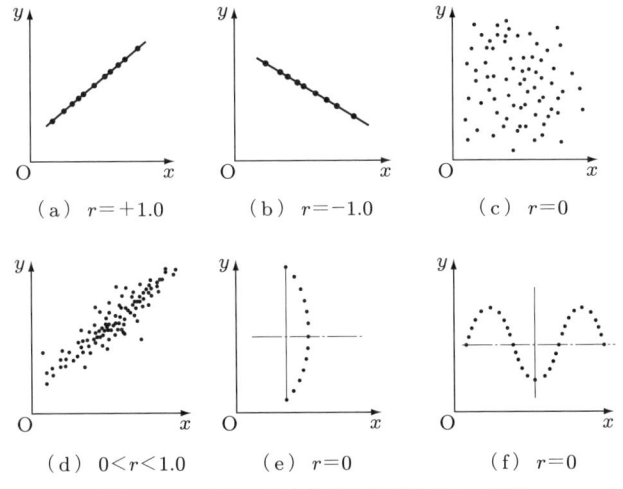

(d) $0<r<1.0$ (e) $r=0$ (f) $r=0$

図 3.4　2 変数の散布状態と相関係数との関係

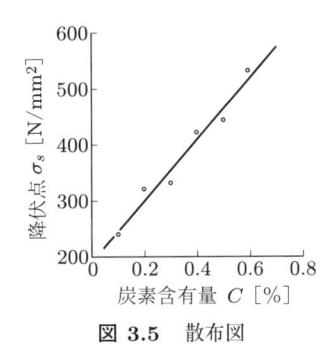

図 3.5　散布図

実験定数 a および b の推定値は，式 (3.14) より

$$\sigma_s = a \cdot C + b$$

$$b = \frac{\sum\limits_{i=1}^{n} \sigma_{si}}{n} - \frac{\sum\limits_{i=1}^{n} C_i}{n} a = \overline{\sigma_s} - \overline{C} \cdot a$$

$$a = \frac{n\sum\limits_{i=1}^{n} \sigma_{si} C_i - \sum\limits_{i=1}^{n} \sigma_{si} \sum\limits_{i=1}^{n} C_i}{n\sum\limits_{i=1}^{n} C_i^2 - \left(\sum\limits_{i=1}^{n} C_i\right)^2} = \frac{\sum\limits_{i=1}^{n} \sigma_{si} C_i - n \cdot \overline{\sigma_s} \cdot \overline{C}}{\sum\limits_{i=1}^{n} C_i^2 - n \cdot \overline{C}^2}$$

となる．ここに，σ_s および C は，それぞれ降伏点および炭素含有量の平均値である．上の式を本問題に適用すると，

$$\overline{\sigma_s} = 380, \ \overline{C} = 0.35, \ \sum_{i=1}^{6} \sigma_{si} C_i = 893, \ \sum_{i=1}^{6} C_i^2 = 0.91$$

であるから，実験定数 a および b は，
$$a = \frac{893 - 6 \times 380 \times 0.35}{0.91 - 6 \times (0.35)^2} = \frac{95}{0.175} = 543$$
$$b = 380 - 0.35 \times 543 = 190$$
となる．したがって，実験式は次の式で表せる．
$$\sigma_s = 54C + 19 \quad [\text{N/mm}^2]$$
一方，相関係数は，$\sum_{i=1}^{6} \sigma_{si}^2 = 919{,}800$ であるから，式 (3.21) より
$$CR = \frac{893 - 6 \times 380 \times 0.35}{\sqrt{(919800 - 6 \times 380^2) \times (0.91 - 6 \times 0.35^2)}} = \frac{95}{96.67} = 0.983$$
となる．

演習問題

1. 測定値に付随する誤差の種類とその内容を説明せよ．
2. コンクリートの圧縮強度試験を同一条件のもとで行った結果，次の測定値を得た．
    26.0, 27.2, 31.0, 29.2, 25.4, 28.5, 26.1, 28.7, 29.0, 27.7 [N/mm^2]
   以上の測定値のうち，31.0 N/mm^2 の値を棄却してもよいかどうかを判定せよ．
3. 上の問題で示した測定値の属する母集団の平均値および分散を点推定せよ．さらに，母平均の 95%信頼区間を区間推定せよ．
4. 水セメント比 (W/C) を変化させた場合の材齢 28 日における普通コンクリートの圧縮強度 (F_{28}) は次のようになった．

W/C (C/W)	0.40 (2.50)	0.45 (2.22)	0.50 (2.00)	0.55 (1.82)	0.60 (1.67)	0.65 (1.54)	0.70 (1.43)
F_{28} [N/mm^2]	47.3	42.3	35.0	28.3	26.4	22.5	17.6

これらの結果に基づいて，F_{28} と W/C の関係に関する実験式を求めよ．ただし，F_{28} とセメント水比 (C/W) の関係は，直線式で表示してよい．

5. 上記の実験結果において，F_{28} と C/W との相関係数を求めよ．

II. コンクリートに関する試験

4 セメントの試験方法

　セメントは無機質の結合材であり，用途に応じて多くの種類のものがある．とくに，構造用として使用されるコンクリート用セメントには，JISで品質が規定されているポルトランドセメント（普通，早強，超早強，中庸熱，低熱および耐硫酸塩の各ポルトランドセメント）と高炉セメント，シリカセメントおよびフライアッシュセメントの混合セメント，さらに都市ゴミを用いたエコセメントがあり，それぞれの品質がJISで詳細に規定されている（表4.3参照）．

　本章では，コンクリート，モルタルに必要不可欠なセメントに関する各種試験方法のうち，密度試験および強さ試験について説明する．

4.1 セメント試験の種類と関連規格

セメント試験としては，次の方法がJISに規定されている．
　JIS R 5201：セメントの物理試験方法
上記の試験方法には，セメントの安定性試験も含まれている．この試験方法にはセメントペーストをパット法またはルシャテリエ法によって膨張する危険がないかを確かめる方法であるが，現在市販されているセメントで不安定性を示すものがほとんど見当たらないため，ここでは省略することにした．

　このほかにも，セメント関係の規格が下記に規定されている．
　JIS R 5202：ポルトランドセメントの化学分析方法
　JIS R 5203：セメントの水和熱測定方法（溶解熱法）
　JIS R 5204：セメントの蛍光X線分析方法

4.2 試料の保管と採取

セメントは吸湿性や吸着性があり，空気中の湿気や炭酸ガスを吸収するので，防湿性のあるポリエチレン袋などに入れ，気密な容器に密封して通風を防止し，貯蔵することが大切である．

セメント試験の試料としては，平均品質の試料を標準ふるい 850 μm でふるって雑物を除き，室温とほぼ同じ温度としたものを用いる．

4.3 密度試験

（1）試験目的

セメントの密度は，コンクリートの調合設計に際して，単位セメント量からセメントの絶対容積，すなわち，コンクリート $1\,\mathrm{m}^3$ 当たりのセメントの占める割合を求めるときに必要である．また，密度試験の結果から，セメントの風化の程度を知ることができ，さらには，セメントの種類が不明なときは，その種類を推定することもできる．

（2）試験器具

ⅰ）ルシャテリエフラスコおよびフラスコ押え（写真 4.1 参照）．
ⅱ）はかり：ひょう量 200 g，感量 100 mg まではかれるもの．
ⅲ）鉱油：JIS K 2203 の灯油または JIS K 2204 の軽油を完全に脱水したもの．
ⅳ）水槽および温度計．

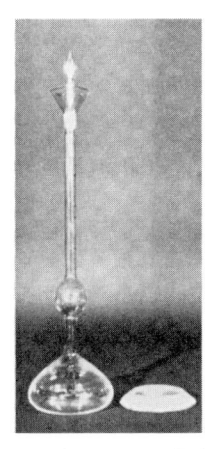

写真 4.1　ルシャテリエフラスコおよびフラスコ押え

（3） 試験方法

フラスコの目盛 0～1 mL（250～251 mL）間まで鉱油を入れ，フラスコの内側に付着した鉱油を針金に巻き付けた布などで除去したのち，フラスコ押えをつけて水槽中に静置する．鉱油の液面がほとんど変化しなくなったとき（30～60 分程度）の液面を読む．次に，試料 100 g を正確にはかりとり，フラスコの途中に詰まらせないように少しずつ静かに入れる．試料を全部入れ終わったのち，適当に振動またはローリングさせて空気を十分に追い出し，再びフラスコを水槽中に静置して，鉱油の液面がほとんど変化しなくなったときの液面の目盛を読み，鉱油液面の読みの差 ν [mL] を求める．

なお，鉱油の液面の読みは，温度に対して微妙に影響を受けるので，試料投入前と投入後の測定時の水槽内の水温の差が 0.2°C を超えてはならない．

（4） 結果の整理方法

密度は，次の式で算出し，小数点以下 2 桁に丸める．
$$\rho = \frac{\omega}{\nu} \tag{4.1}$$
ここに，ρ：密度 [g/cm^3]，ω：はかりとった試料の質量 [g]，
　　　　ν：鉱油液面の読みの差 [mL]

密度試験は，2 回以上行い，0.01 g/cm^3 以内で一致したものの平均値をとって小数点以下 2 桁に丸める．

4.4 強さ試験

（1） 試験目的

セメントの強さ試験は，標準砂を使って製作した供試体の強さの発現状態を知るものである．セメントの強度性質は，セメントの品質管理上必要なだけでなく，コンクリートの調合設計のときにも必要であり，この試験によって力学的性質など多くの性質を予測することができる．

（2） 試験機器および標準砂

ⅰ）練混ぜ機：パドルの自転および公転を低速と高速の 2 段階に切り替えることのできるもの（写真 4.2 参照）．

ⅱ）モルタル供試体成形用型（三連型枠）（写真 4.3 参照），ストレートエッジ，さじおよびへら．

ⅲ）型詰め機：振動電動機の回転数が 2800 ± 50 rpm で，振動台の全振幅が 0.8 ± 0.05 mm のテーブルバイブレータ．

iv) 強さ試験機：圧縮強さ試験機（圧縮板に球面座をつけた構造のもの）および曲げ強さ試験機（毎秒 50 ± 10 N の載荷速度で，10 kN まで荷重が加えられるもの）.
v) はかり：ひょう量 2 kg，感量 1 g のもの.
vi) 標準砂：天然けい砂を水洗いし，乾燥して試験用網ふるい 2.0〜0.08 mm で粒度を調整したもの.

写真 4.2　モルタルミキサ　　　　　写真 4.3　モルタル供試体成形用型（三連型枠）

(3) 試験方法

(a) 供試体製作準備

モルタル供試体成形用型を清掃し，接合部分にグリスを塗って組み立て，水もれの有無を確認する．次に，練混ぜ機用の練り鉢およびパドル，または手練り用の練り鉢およびさじを湿った布などでふいておく．

(b) 供試体製作

1) 試料　モルタルの調合は，セメント：標準砂＝ 1：3（質量比），水セメント比 0.50 とする．この練混ぜ量は，セメント 450 g，標準砂 1350 g，水 225 g で供試体（4 × 4 × 16 cm）3 個分の成形用型 1 杯分に相当する．

2) 練混ぜ　モルタルの練混ぜは，規定量の水を練り鉢に入れ，次にセメントを入れ，低速で始動させ，30 秒後に標準砂を 30 秒間で入れる．次に高速で 30 秒間練り混ぜた後，90 秒間休止し，かき落としは休止後 15 秒以内に行う．さらに再び高速で 60 秒間練り混ぜる．

3) 供試体成形　成形用型に添え枠をのせて，テーブルバイブレータに固定し，2 層に分けてモルタルを詰める．

開始から 15 秒間で 1 層目のモルタルをさじで詰め，続いて 15 秒間振動させる．次

の 15 秒間で残りのモルタルを 1 層目と同様に詰め，引き続き 75 秒間振動を加え，合計 120 秒間で成形する．

振動終了後，添え枠を外して成形用型上の盛り上がったモルタルを削りとり，上面を平らにしたのち，ガラス板を成形用型の上に置いて湿気箱（温度 20 ± 1°C，湿度 90％以上）に入れる．成形後 20〜24 時間の間に脱型を行い，供試体に印をつけて水中に浸し，試験時材齢まで養生する．

(c) 測定

強さ試験用の供試体は，形成後 1 日（湿気箱中 24 時間），3 日（湿気箱中 24 時間，水中 2 日間），7 日（湿気箱中 24 時間，水中 6 日間），28 日（湿気箱中 24 時間，水中 27 日間）および 91 日（湿気箱中 24 時間，水中 90 日間）を経たのち，曲げおよび圧縮試験を行う．

曲げ試験は，各材齢とも 3 個の供試体について，水中から取り出した直後に行う．支点間距離を 100 mm とし，供試体を製作したときの側面の中央に，毎秒 50 ± 10N の割合で載荷して最大荷重を求める（図 4.1 参照）．

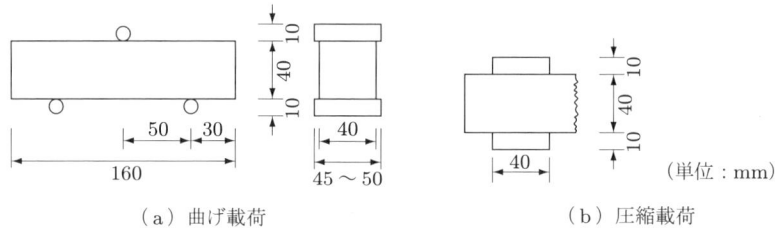

図 4.1 強さ測定の載荷方法

圧縮試験は，各材齢とも曲げ試験によって切断された 6 個の供試体の折片について曲げ試験直後に行う．供試体を製作したときの両側面を加圧面とし，加圧版（40 mm × 40 mm）を用いて供試体中央部に，毎秒 2400 ± 200 N の割合で載荷して最大荷重を求める（図 4.1 参照）．

(4) 結果の整理方法

(a) 圧縮強さ

圧縮強さ[1]は，最大荷重から次の式によって算出し，小数点以下 1 桁に丸める．

$$c = \omega/1600 \tag{4.2}$$

ここに，c：圧縮強さ [N/mm^2]，ω：最大荷重 [N].

(b) 曲げ強さ

曲げ強さ[2]は，最大荷重から次の式によって算出し，小数点以下1桁に丸める．

$$b = 0.00234 \times \omega \tag{4.3}$$

ここに，b：曲げ強さ $[\text{N/mm}^2]$，ω：最大荷重 [N]．

[注]
1) 圧縮強さ $[\text{N/mm}^2]$ = 最大荷重/加圧面積
2) 曲げ強さ $[\text{N/mm}^2]$ = 曲げモーメント/断面係数

(5) 参考資料

ⅰ) セメントは，貯蔵中に空気中の湿気 (H_2O) や炭酸ガス (CO_2) を吸収すると，わずかずつ水和作用と炭酸化作用が進行して，粒子表面に炭酸石灰 ($CaCO_3$) を生じて固まる．このような現象を風化といい，風化が進むにつれて，密度は減少し，凝結は遅延し，強度は低下して品質の低下をもたらす（表 4.1 参照）．

$$\text{セメント} + H_2O \rightarrow Ca(OH)_2 + \text{セメント水和物}$$
$$Ca(OH)_2 + CO_2 \rightarrow CaCO_3 + H_2O$$

表 4.1 貯蔵期間とセメント品質の関係（コンクリート便覧による）

貯蔵期間[月]	貯蔵条件 温度[°C]	貯蔵条件 湿度[%]	強熱減量 ig. loss [%]	密度 [g/cm³]	凝結 始発[h-min]	凝結 終結[h-min]	曲げ強さ [N/mm²] 3日	曲げ強さ [N/mm²] 7日	曲げ強さ [N/mm²] 28日	圧縮強さ [N/mm²] 3日	圧縮強さ [N/mm²] 7日	圧縮強さ [N/mm²] 28日
0	−	−	0.1	3.16	2-26	3-47	3.12	4.77	6.98	12.2	21.4	40.7
1	24.6	79	1.0	3.15	2-44	4-12	3.02	4.81	6.49	11.5	19.7	37.1
2	26.3	81	1.4	3.14	3-00	4-37	2.90	4.15	6.00	10.6	18.1	33.7
3	23.9	77	1.6	3.13	3-19	5-04	2.81	3.86	5.51	9.8	16.7	30.5
6	7.1	64	2.2	3.10	3-58	5-31	2.28	3.29	4.82	8.9	14.3	26.5
9	7.8	62	2.7	3.08	4-42	6-37	2.03	3.20	4.75	7.7	13.0	21.2
12	20.2	75	3.8	3.07	6-53	7-56	1.53	2.48	3.77	6.3	10.7	17.1

ⅱ) 凝結の状態は，セメントの水和反応によって異なるため，温度・湿度に大きく影響される．すなわち，温度が上昇するにつれて凝結は早まり，温度が低下するにつれて凝結は遅延する（表 4.2 参照）．

表 4.2　温度と凝結時間との関係の一例（セメント協会による）

セメント	試験温度 [°C]	湿度 [%]	水量 [%]	開始時間 [h-min]	凝結時間 [h-min]
普通ポルトランドセメント	5	91	25.0	8-10	10-25
	10	91	25.2	5-03	7-28
	15	84	25.3	2-13	3-38
	20	94	25.6	1-41	2-48
	25	86	25.6	1-35	2-30
	30	86	25.7	1-11	2-06
早強ポルトランドセメント	5	91	26.0	8-20	13-50
	10	91	26.0	6-00	10-13
	15	84	26.2	3-40	6-54
	20	94	26.0	3-00	4-43
	25	86	26.3	2-55	3-55
	30	86	26.5	2-17	3-32
高炉セメントB種	5	91	26.3	7-05	9-45
	10	91	26.3	5-50	8-13
	15	84	26.5	3-23	5-12
	20	94	26.5	2-38	4-23
	25	86	27.0	1-56	2-59
	30	86	27.0	1-53	2-48

表 4.3　セメント品質のJIS規格値

種類		比表面積 [cm^2/g]	凝結		圧縮強さ [N/mm^2]					水和熱 [J/g]	
			始発 [min]	終結 [h]	1d	3d	7d	28d	91d	7d	28d
ポルトランドセメント	普通	2500 以上	60 以上	10 以下	—	12.5 以上	22.5 以上	42.5 以上	—	—	—
	早強	3300 以上	45 以上	10 以下	10.0 以上	20.0 以上	32.5 以上	47.5 以上	—	—	—
	超早強	4000 以上	45 以上	10 以下	20.0 以上	30.0 以上	40.0 以上	50.0 以上	—	—	—
	中庸熱	2500 以上	60 以上	10 以下	—	7.5 以上	15.0 以上	32.5 以上	—	290 以下	250 以下
	低熱	2500 以上	60 以上	10 以下	—	—	7.5 以上	22.5 以上	42.5 以上	340 以下	290 以下
	耐硫酸塩	2500 以上	60 以上	10 以下	—	10.0 以上	20.0 以上	40.0 以上	—	—	—
高炉セメント	A種	3000 以上	60 以上	10 以下	—	12.5 以上	22.5 以上	42.5 以上	—	—	—
	B種	3000 以上	60 以上	10 以下	—	10.0 以上	17.5 以上	42.5 以上	—	—	—
	C種	3000 以上	60 以上	10 以下	—	7.5 以上	15.0 以上	40.0 以上	—	—	—
シリカセメント	A種	3000 以上	60 以上	10 以下	—	12.5 以上	22.5 以上	42.5 以上	—	—	—
	B種	3000 以上	60 以上	10 以下	—	10.0 以上	17.5 以上	37.5 以上	—	—	—
	C種	3000 以上	60 以上	10 以下	—	7.5 以上	15.0 以上	32.5 以上	—	—	—
フライアッシュセメント	A種	2500 以上	60 以上	10 以下	—	12.5 以上	22.5 以上	42.5 以上	—	—	—
	B種	2500 以上	60 以上	10 以下	—	10.0 以上	17.5 以上	37.5 以上	—	—	—
	C種	2500 以上	60 以上	10 以下	—	7.5 以上	15.0 以上	32.5 以上	—	—	—
エコセメント	普通	2500 以上	60 以上	10 以下	—	12.5 以上	22.5 以上	42.5 以上	—	—	—
	速硬	3300 以上	—	10 以下	15.0 以上	22.5 以上	25.0 以上	32.5 以上	—	—	—

演習問題

1. セメントの密度を測定する方法の概略について説明せよ．
2. 密度試験で軽油を用いる理由を説明せよ．
3. 強さ試験で用いる式 (4.2) の値 1600，式 (4.3) の値 0.00234 がどのように定められたかについて考察せよ．
4. 早強ポルトランドセメントと中庸熱ポルトランドセメントの特性値の違いを説明せよ．
5. セメントの風化について説明せよ．

5 骨材の試験方法

　骨材は，コンクリートの体積の 65～75% 程度を占めるため，その性質は，コンクリートの力学的および物理的性質に大きな影響を及ぼす．従来は，骨材といえば天然の川砂・川砂利を指し，これらは近郊の河川から需要に応じて供給されてきた．しかし，近年は，コンクリート用骨材の大部分が陸・山・海・川などから産出する砂・砂利または砕石・砕砂へと移行している．また，最近は，各種スラグ骨材（高炉スラグ骨材，フェロニッケルスラグ骨材，銅スラグ骨材および電気炉酸化スラグ骨材）や再生骨材などの新しい骨材が次々と JIS 化されている．

　高品質なコンクリートを製造するためには，さまざまな条件を満たす骨材を厳密に管理された状態でコンクリートに使用する必要がある．また，このことから，JIS などには，きわめて多岐にわたる種類の骨材試験が規定されている．

　本章では，これらの中から，骨材の最も基本的な品質・状態を把握するための次の試験について説明する．

　　JIS A 1102：骨材のふるい分け試験方法
　　JIS A 1109：細骨材の密度及び吸水率試験方法
　　JIS A 1110：粗骨材の密度及び吸水率試験方法
　　JIS A 1104：骨材の単位容積質量及び実積率試験方法
　　JIS A 1111：細骨材の表面水率試験方法

5.1 骨材試験の種類と関連規格

　JIS や日本建築学会，土木学会 (JSCE) の規格には，上記のほかにも，次のような骨材試験関係の規格が定められている．

　　JIS A 1103：骨材の微粒分量試験方法
　　JIS A 1105：細骨材の有機不純物試験方法
　　JIS A 1121：ロサンゼルス試験機による粗骨材のすりへり試験方法
　　JIS A 1122：硫酸ナトリウムによる骨材の安定性試験方法

JIS A 1125：骨材の含水率試験方法及び含水率に基づく表面水率の試験方法
JIS A 1126：ひっかき硬さによる粗骨材中の軟石量試験方法
JIS A 1134：構造用軽量細骨材の密度及び吸水率試験方法
JIS A 1135：構造用軽量粗骨材の密度及び吸水率試験方法
JIS A 1137：骨材中に含まれる粘土塊量の試験方法
JIS A 1141：骨材に含まれる密度 1.95 g/cm^3 の液体に浮く粒子の試験方法
JIS A 1142：有機不純物を含む細骨材のモルタルの圧縮強度による試験方法
JIS A 1143：軽量粗骨材の浮粒率の試験方法
JIS A 1145：骨材のアルカリシリカ反応性試験方法（化学法）
JIS A 1146：骨材のアルカリシリカ反応性試験方法（モルタルバー法）
JASS 5 T-202：普通細骨材中の塩分試験方法
JSCE-C502：海砂の塩化物イオン含有率試験方法（滴定法）
JSCE-C503：海砂の塩化物イオン含有率試験方法（簡易測定器法）

5.2 骨材の採取

　各種骨材試験を行うときは，まず，試験対象の骨材から代表的な試料を採取する必要がある．その方法としては，4分法と試料分取器による方法の2種類がある．

　4分法とは，試料を平らな鉄板などの上に置き，シャベルなどでよく混合して円形に広げ，それを4等分して，互いに対角の位置にある試料を取り出す方法である．試料が多い場合は，何度もこの方法を繰り返して所定量を採取する．一方，試料分取器による方法とは，試料を分取器に通して2分し，代表的な試料を採取する方法である．この方法は細骨材に適用する場合が多い．

5.3 ふるい分け試験

（1） 試験目的

　ふるい分け試験は，細骨材または粗骨材に含まれる粒の大きさの分布から粒度を求め，コンクリート用骨材として適当かどうかを判定するためのものである．また，粗粒率や粗骨材の最大寸法を求めるために必要な試験である．

（2） 器具

ⅰ) はかり：細骨材用のはかりは目量が 0.1 g，粗骨材用のはかりは目量が 1 g またはこれより小さいもの．

ⅱ) ふるい：JIS Z 8801-1 に規定される公称目開きが 75, 150, 300, 600 μm および 1.18, 2.36, 4.75, 9.5, 16, 19, 26.5, 31.5, 37.5, 53, 63, 75, 106 mm の金属製網ふるい（本書では，これらを順に 0.075, 0.15, 0.3, 0.6, 1.2, 2.5, 5, 10, 15, 20, 25, 30, 40, 50, 60, 80, 100 mm ふるいと呼ぶ）．

（3） 試料

4分法または試料分取器でほぼ所定量の試料を採取し，一定質量となるまで 105±5°C で乾燥し，その後室温まで冷却する．その際，普通骨材の試料の最小乾燥質量は表 5.1 に示すとおりとする．

表 5.1 ふるい分け試験用試料の最小乾燥質量

細骨材	1.2 mm ふるいを 95%（質量比）以上通過するもの	100 g
	1.2 mm ふるいに 5%（質量比）以上とどまるもの	500 g
粗骨材	最大寸法 10 mm 程度のもの	2 kg
	〃　　　　15 mm　　〃	3 kg
	〃　　　　20 mm　　〃	4 kg
	〃　　　　25 mm　　〃	5 kg
	〃　　　　40 mm　　〃	8 kg

（4） 試験方法

細骨材の場合は，0.15, 0.3, 0.6, 1.2, 2.5, 5 および 10 mm のふるいを 1 組とし，粗骨材の場合は，2.5, 5, 10, 15, 20, 25, 30, 40 および 50 mm（土木学会では 60 mm まで）のふるいを 1 組とする．細骨材では 0.1 g，粗骨材では 1 g まで質量を測定した試料をふるいに入れ，均等に振動を与えて 1 分間に各ふるいを通過するものが全試料質量の 0.1% 以下となるまでふるい分け作業を行う．その後，各ふるいにとどまった試料の質量を，細骨材では 0.1 g，粗骨材では 1 g まで測定する．

（5） 結果の整理方法

（a） 粒度の表し方

ふるい分け試験結果は，各ふるいにとどまる試料の量 ω_i または通過量を全質量 ω に対する百分率で表し，整数に丸める．

$$W_i = \frac{\omega - \sum_{i=1}^{n} \omega_i}{\omega} \times 100 = \left(1 - \frac{\sum_{i=1}^{n} \omega_i}{\omega}\right) \times 100 \tag{5.1}$$

ここに，W_i：ふるい目の大きい方から数えて i 番目のふるいの通過率 (%)，
　　　　ω_i：ふるい目の大きい方から数えて i 番目のふるいにとどまる量．

表5.2 は，細・粗骨材のふるい分け試験結果の一例を粒度表示したものであり，これを粒度分布曲線として示したものが図5.1である．

表 5.2 ふるい分け試験結果の一例

ふるいの呼び寸法 [mm]	細骨材				粗骨材			
	各ふるいにとどまる量 [g]	各ふるいにとどまる量の累計 [%]	ふるいを通る量 [%]		各ふるいにとどまる量 [g]	各ふるいにとどまる量の累計 [%]	ふるいを通る量 [%]	
	[g]	[%]	[%]	[%]	[g]	[%]	[%]	[%]
40*								
30								
25					0	0	0	100
20*					296	7	7	93
15								
10*	0	0	0	100	2,548	64	71	29
5*	8	2	2	98	980	25	96	4
2.5*	14	3	5	95	172	4	100	0
1.2*	132	26	31	69	4	0	100	0
0.6*	142	28	59	41	0	0	100	0
0.3*	95	19	78	22	0	0	100	0
0.15*	76	15	93	7	0	0	100	0
受け皿	33	7	100	0				
合 計	500				4,000			

*粗粒率 $= (93 + 78 + 59 + 31 + 5 + 2)/100 = 2.68$

*粗粒率 $= (100 + 100 + 100 + 100 + 100 + 96 + 71 + 7)/100 = 6.74$

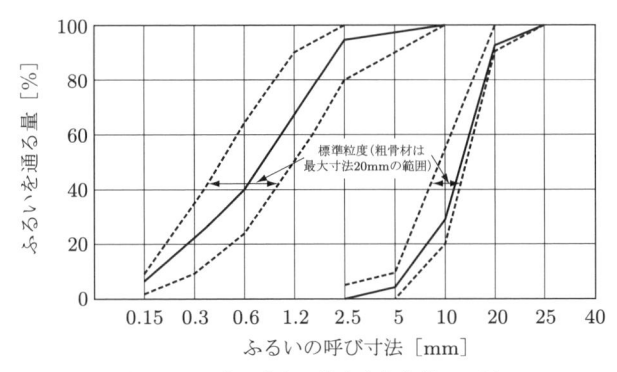

図 5.1 砂・砂利の粒度分布曲線の一例

(b) **粗粒率および粗骨材の最大寸法**

粗粒率は，骨材粒の粗さを表す値であり，最小ふるい 0.15 mm の 2 倍ずつのふるい，すなわち，0.15, 0.3, 0.6, 1.2, 2.5, 5, 10, 20, 40, 80 mm にとどまる試料の量の累

加百分率（累加残留率）を 100 で割った値として定義される．

また，粗骨材の最大寸法とは，骨材粒の中で径の最も大きなものを指すのではなく，通過率が質量で 90% 以上となる最小のふるい寸法をいう．

(c) 参考資料

骨材は，粒径の大小に応じて細骨材と粗骨材に区分されるが，これらは，JIS には表 5.3 のように定義されている．

表 5.3 骨材の定義

細骨材	10 mm 網ふるいを全部通り，5 mm 網ふるいを質量で 85% 以上通る骨材
粗骨材	5 mm 網ふるいに質量で 85% 以上とどまる骨材

また，コンクリート用骨材は，有害量のごみ，有機不純物，塩化物などを含まず，所要の耐火性および耐久性のあるものとされ，使用箇所に応じて粗骨材の最大寸法が定められている（表 5.4 参照）．

表 5.4 使用箇所による粗骨材の最大寸法（JASS 5 による）

使用箇所	粗骨材の最大寸法 [mm]	
	砂利	砕石・高炉スラグ粗骨材
柱・梁・スラブ・壁	20, 25	20
基　礎	20, 25, 40	20, 25, 40

JIS に規定された砂利および砂の標準粒度を表 5.5 に示す．骨材の粒度はコンクリートのワーカビリティーに大きな影響を及ぼすため，複数の骨材を混合して粒度を調整することがあるが，その場合には，混合骨材の粒度が表 5.5 の規定に適合する必要が

表 5.5 砂利および砂の標準粒度（JIS による）

骨材の種類			ふるいの呼び寸法 [mm]										
			ふるいを通るものの質量分率 [%]										
			50	40	30	25	20	15	10	5	2.5	1.2	0.6	0.3	0.15
砂利	最大寸法 [mm]	40	100	95〜100			35〜70		10〜30	0〜5					
		25			100	95〜100		30〜70		0〜10	0〜5				
		20				100	90〜100		20〜55		0〜10	0〜5			
砂									100	90〜100	80〜100	50〜90	25〜65	10〜35	2〜10

ある（ただし，0.15 mm を通るものの質量百分率は混合条件ごとに規定されている）．

5.4 密度および吸水率試験

（1） 試験目的

骨材の密度と吸水率は互いに関連があり，これらの値は，骨材の強度や耐久性などの品質判定の目安になる．また，コンクリートの調合設計時に骨材の絶対容積と質量とを換算する場合や，骨材の単位容積質量から実積率を求める場合などに必要となる．さらに，現場調合において水量や骨材量を補正するときにも用いられる．

（2） 細骨材の密度および吸水率試験

（a） 器具

ⅰ） ピクノメータ：フラスコまたは他の適切な容器
ⅱ） フローコーンおよび突き棒：細骨材の表乾状態の測定に用いる（写真 5.1 参照）．
ⅲ） はかり：ひょう量が 2 kg 以上で，目量が 0.1 g またはこれより小さいもの．
ⅳ） ドライヤー：試料を乾燥させるために用いる．

写真 5.1 フローコーンと突き棒および含水状態の異なる砂

（b） 試料

約 2 kg の試料を 4 分法または試料分取器によって採取し，それを 4 分法または試料分取器によって約 1 kg ずつに 2 分し，24 時間吸水させる．次に，試料を平らな面の上に薄く広げ，暖かい風を静かに送りながら均等に乾燥させる．そして，試料の表面にまだいくぶん表面水がある状態（試料を手で握ると，若干手の跡が残る程度の状態）のときに，フローコーンに試料をゆるく詰め，上面を平にならして突き棒で 25 回力を加えずに突いた後，静かにフローコーンを鉛直に引き上げる．試料を少しずつ乾燥させながらこの作業を繰り返し，試料のコーンが初めてスランプしたときを表乾状態であるとする（写真 5.1 参照）．この試料を 2 分し，それぞれを密度および吸水率試験の 1 回の試料とする．

（c） 試験方法

本項では，ピクノメータとして，容量 500 mL のフラスコ（写真 5.2 参照）を用いた場合の試験方法を示す．

写真 5.2　フラスコ

1) 密度試験　　フラスコに 500 mL の目盛まで水を加えたときの質量 (W_1) を 0.1 g まではかり，また，水温 (T_1) をはかった後に，このフラスコ内の水を空ける．次に，密度試験用試料の質量 (W_2) を 0.1 g まではかった後，フラスコに入れ，水を 500 mL の目盛付近まで加える．そして，フラスコをゴム板上でころがして泡を追い出した後，水槽（水温 $20 \pm 5°C$）の中に約 1 時間つける．その後，さらに 500 mL の目盛まで水を加え，そのときの質量 (W_3) を 0.1 g まではかり，同時に，水温 (T_2) をはかる．なお，T_1 と T_2 の差は 1°C を超えないようにする．

2) 吸水率試験　　吸水率試験用試料の質量 (W_4) を 0.1 g まではかった後，$105 \pm 5°C$ で一定質量となるまで乾燥させる．そして，デシケータ内で室温まで冷やし，その質量 (W_5) を 0.1 g まではかる．

（d）　結果の整理方法

細骨材の表乾密度，絶乾密度および吸水率は次式によって算出し，小数点以下 2 桁に丸める．

$$D_S = \frac{W_2 \times \rho_w}{W_1 + W_2 - W_3} \tag{5.2}$$

ここに，D_S：表乾密度 [g/cm^3]，W_1：500 mL の目盛まで水を満たしたフラスコの質量 [g]，W_2：表乾状態の密度試験用試料 [g]，W_3：試料と水で 500 mL の

目盛まで満たしたフラスコの質量 [g]，ρ_w：水の密度 [g/cm^3]
（表 5.6 による）．

$$D_D = D_S \times \frac{W_5}{W_4} \tag{5.3}$$

$$Q = \frac{W_4 - W_5}{W_5} \times 100 \tag{5.4}$$

ここに，D_D：絶乾密度 [g/cm^3]，Q：吸水率（質量百分率）[%]，W_4：表乾状態の吸水率試験用試料の質量 [g]，W_5：乾燥後の吸水率試験用試料の質量 [g]．

密度および吸水率試験は，(b) で約 1 kg ずつに 2 分した試料についてそれぞれ 1 回ずつ行い，それらの平均値を密度および吸水率の値とする．ただし，平均値からの差が，密度の場合は 0.01 g/cm^3 以下，吸水率の場合は 0.05% 以下でなければならない．

表 5.6 水の密度

試験温度 [°C]	15	16	17	18	19	20	21	22	23	24	25
水の密度 [g/cm^3]	0.9991	0.9989	0.9988	0.9986	0.9984	0.9982	0.9980	0.9978	0.9975	0.9973	0.9970

（3） 粗骨材の密度および吸水率試験

（a） 器具

はかり：試料質量の 0.02% 以下の目量をもち，皿の中心から金網かご（直径約 200 mm，高さ約 200 mm，目開き 3 mm 以下のもの）をつるし，これを水中に浸すことのできる構造のもの．

（b） 試料

5 mm ふるいにとどまる粗骨材を 4 分法または試料分取器によってほぼ所定量となるまで縮分する．この試料を十分に水で洗い，水中で 24 時間吸水させる．次に，試料を水中から取り出し，吸水性のある布の上で転がして表面の水膜をぬぐい去り，表乾状態とする．そして，この試料を 2 分し，それぞれを 1 回の試験の試料とする．なお，1 回の試験に使用する普通骨材の試料の最小質量は表 5.7 に示すとおりとする．

表 5.7 試料の最小質量

粗骨材の最大寸法 [mm]	試料の質量 [kg]
20	約 2
25	約 2.5

(c) 試験方法

上記の表乾状態の試料の質量 (W_1) をはかる．次に，これを金網かごの中に入れ，水中で振動を与えて粒子表面や粒子間の気泡を除去した後に，試料と金網かごの見掛けの質量 (W_2) をはかり，また，水温をはかる．そして，金網かごを水中にもどし，その見掛けの質量 (W_3) をはかる．最後に，試料を $105 \pm 5°C$ で一定質量となるまで乾燥し，室温まで冷やした後にその質量 (W_4) をはかる．

(d) 結果の整理方法

粗骨材の表乾密度，絶乾密度および吸水率は次式によって計算し，小数点以下 2 桁に丸める．

$$D_S = \frac{W_1 \times \rho_w}{W_1 - W_2 + W_3} \tag{5.5}$$

ここに，D_S：表乾密度 [g/cm^3]，W_1：表乾状態の試料の質量 [g]，W_2：試料と金網かごの水中の見掛けの質量 [g]，W_3：金網かごの水中の見掛けの質量 [g]，ρ_w：水の密度 [g/cm^3]（表 5.6 による）．

$$D_D = \frac{W_4 \times \rho_w}{W_1 - W_2 + W_3} \tag{5.6}$$

ここに，D_D：絶乾密度 [g/cm^3]，W_4：絶乾状態の試料の質量 [g]．

$$Q = \frac{W_1 - W_4}{W_4} \times 100 \tag{5.7}$$

ここに，Q：吸水率（質量百分率）[%]．

密度および吸水率試験は，(b) で 2 分した試料についてそれぞれ 1 回ずつ行い，それらの平均値を密度および吸水率の値とする．ただし，平均値からの差が，密度の場合は 0.01 g/cm^3 以下，吸水率の場合は 0.03% 以下でなければならない．

(4) 参考資料

(a) 骨材の含水状態

骨材の含水状態は，図 5.2 に示す 4 種類に区分される．

ⅰ) 絶乾状態（絶対乾燥状態）：骨材を $105 \pm 5°C$ で一定質量になるまで乾燥し，骨材内部に含まれている水が取り去られた状態．

ⅱ) 気乾状態（空気中乾燥状態）：表層部は空気中の湿度と釣り合い，骨材内部だけに若干の水が含まれている状態．

ⅲ) 表乾状態（表面乾燥飽水状態）：表面水がなく，骨材内部の空隙がすべて水で満たされている状態．

ⅳ) 湿潤状態：骨材内部の空隙がすべて水で満たされ，しかも表面にも水が付着している状態．

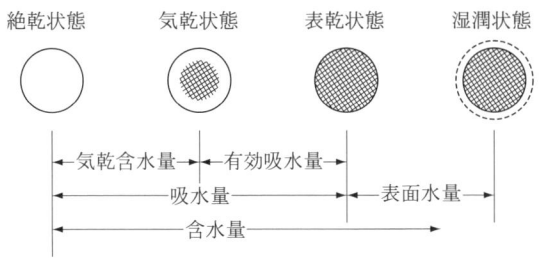

図 5.2 骨材の含水状態

　骨材の表面および内部にある水の全質量の，絶乾状態の骨材の質量に対する百分率を含水率といい，表乾状態の骨材に含まれている水の質量の，絶乾状態の骨材の質量に対する百分率を吸水率という．また，表面水率とは，骨材の表面に付着している水量の表乾状態の骨材の質量に対する百分率をいう．

（b）骨材の密度の種別

　骨材の密度には，表乾密度 (D_S) と絶乾密度 (D_D) とがあり，両者の間には吸水率 (Q) をパラメータとして，次の関係が成立する．

$$D_D = D_S \left(1 + \frac{Q}{100}\right) \tag{5.8}$$

　上式からわかるように，骨材の吸水率が大きいと 2 つの密度に差が生じるので，骨材の密度を表示する際には，表乾密度か絶乾密度かを必ず明示する必要がある．

（c）骨材の密度と吸水率の関係

　一般に，密度の大きい骨材は強度や耐久性に優れ，図 5.3 に示すように，密度の小さい骨材は多孔質で吸水率が大きくなる傾向がある．これらのことから，JIS には，コンクリート用骨材の品質として，表 5.8 に示すような絶乾密度および吸水率の値が

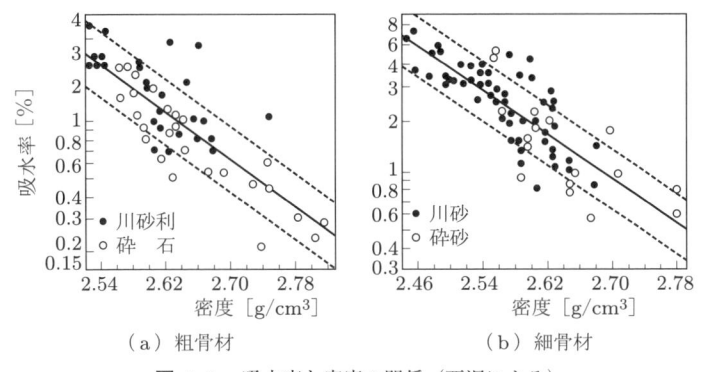

図 5.3 吸水率と密度の関係（西沢による）

表 5.8 JIS に定められた骨材の絶乾密度および吸水率の値

項　目	砂利・砕石	砂	砕砂
絶乾密度 [g/cm^3]	2.5 以上	2.5 以上	2.5 以上
吸水率 [%]	3.0 以下	3.5 以下	3.0 以下

定められている．

5.5 単位容積質量および実積率試験

（1）試験目的

骨材の単位容積質量は，容器に詰めた骨材の質量をその容器の容積で除することで得られる．すなわち，この値は，骨材粒子間の隙間を含めた見掛けの密度ともいえるものであり，骨材の容積での搬入を計画する場合や，コンクリートの練混ぜ時に骨材を容積計量する場合などに用いられる．

一方，実積率は，骨材を容器につめたときに，その容器中で骨材粒子が占める容積の比率を表す値である．細・粗骨材が適当な粒度や粒形をもつときは，空隙が少なく，実積部が多くなることから，この値は，粒度の状態や粒形の良否の判定に用いられる．なお，実積率はコンクリートの耐久性や経済性に影響を及ぼすため，コンクリート用骨材には，なるべく実積率の大きいものを選ぶ必要がある．

（2）器具

ⅰ）容器：金属製の円筒容器で，骨材の最大寸法によってその大きさを選ぶ（表 5.9 および写真 5.3 参照）．なお，容器の容積 (V) は，これを満たすのに必要な水の量を正確に測定して算定する．

ⅱ）突き棒：直径 16 mm，長さ 500～600 mm で，先端が半球状の丸鋼．

ⅲ）はかり：試料質量の 0.2% 以下の目量をもつもの．

表 5.9 容器と突き回数

骨材の最大寸法 [mm]	容積 [L]	内高/内径	一層当たりの突き回数
5（細骨材）以下	1～2		20
10 以下	2～3	0.8～1.5	20
10 を超え 40 以下	10		30
40 を超え 80 以下	30		50

写真 5.3 単位容積質量測定容器

(3) 試料

4分法または試料分取器によって，用いる容器の容積の2倍以上の試料を採取する．試料は絶乾状態とするが，粗骨材の場合は気乾状態でもよい．この試料を2分し，それぞれを1回の試験の試料とする．

(4) 試験方法

(a) 単位容積質量の測定

以下に示す要領で試料を詰めて骨材の表面をならした後に，容器中の試料の質量 (W_1) をはかる．

1) 試料の詰め方　試料の詰め方は棒突きによる．ただし，粗骨材の寸法が大きい場合および試料を損傷する恐れのある場合は，ジッギングによる．

ⅰ) 棒突きによる場合：最初に，試料を容器の 1/3 まで入れ，上面を指でならし，表 5.9 に示した回数を突き棒で均等に突く．次に，容器の 2/3 まで試料を入れ，同様の回数を突き，最後に，容器からあふれるまで試料を入れ，同様の回数を突く．

ⅱ) ジッギングによる場合：容器を強固で水平な床の上に置き，試料をほぼ等しい3層に分けて詰める．各層ごとに，容器の片側を約 5 cm 持ち上げて床をたたくように落下させ，次に，反対側を同様に約 5 cm 持ち上げて落下させ，交互に 25 回ずつ，全体で 50 回落下させる．

2) 骨材の表面のならし方　細骨材の場合は，突き棒を定規として余分の試料をかきとり，容器の上面に沿ってならす．粗骨材の場合は，容器の上面からの粗骨材粒の突起が上面からのへこみと同じくらいになるように指または定規でならす．

(b) 試料の密度，吸水率および含水率の測定

上記 (a) で質量を測定した試料から 4 分法または試料分取器によって所定量の試料を採取し，密度および吸水率（5.4 節参照）ならびに含水率（JIS A 1125）を測定する．なお，絶乾状態の試料を用いる場合や試料の含水率が 1.0% 以下の見込みの場合

は，含水率の測定を省略してもよい．

（5） 結果の整理方法

骨材の単位容積質量は式 (5.9) によって算出し，有効数字 3 桁に丸める．ただし，気乾状態の試料を用いて試験を行い，含水率の測定を行った場合は，式 (5.10) による．

$$T = \frac{W_1}{V} \tag{5.9}$$

$$T = \frac{W_1}{V} \cdot \frac{W_D}{W_2} \tag{5.10}$$

ここに，T：単位容積質量 [kg/L]，V：容器の容積 [L]，W_1：容器中の試料の質量 [kg]，W_2：含水率測定のための試料の乾燥前の質量 [g]，W_D：含水率測定のための試料の乾燥後の質量 [g]．

骨材の実積率は次式によって算出し，有効数字 3 桁に丸める．

$$G = \frac{T}{D_D} \times 100 \quad \text{または} \quad G = \frac{T}{D_S} \times (100 + Q) \tag{5.11}$$

ここに，G：実積率 [%]，Q：吸水率 [%]，D_S：表乾密度 [g/cm^3]，D_D：絶乾密度 [g/cm^3]．

試験は 2 回行ってその平均値を試験結果とする．ただし，単位容積質量の平均値からの差が 0.01 kg/L 以下でなければならない．

（6） 参考資料

（a） 空隙率

骨材の空隙率は，実積率または単位容積質量から，次式により求めることができる．

$$A = 100 - G \tag{5.12}$$

$$A = 100 - \frac{T}{D_S} \times (100 + Q) \tag{5.13}$$

ここに，A：空隙率 [%]．

（b） 骨材の単位容積質量および実積率の値

骨材の単位容積質量および実積率のおよその値を表 5.10 に示す．また，コンクリート用砕石および砕砂 (JIS A 5005) の場合は，所定の粒度に調整された試料の実積率

表 5.10 骨材の単位容積質量および実積率
(コンクリート便覧による)

	単位容積質量 [kg/L]	実積率 [%]
細骨材	1.50〜1.85	53〜73
粗骨材	1.55〜2.00	45〜70

（粒形判定実積率）により粒形が判定されており，その値は，砕石では 56% 以上，砕砂では 54% 以上でなければならないとされている．

（c） 細骨材の単位容積質量と含水率の関係

細骨材の単位容積質量は含水率と密接に関係し，含水率が 8～10% のときに極小値を示す．このようなことは，細骨材の表面水量によって粒子間相互の間隔が拡大するために生じる．ただし，粗骨材の場合は，このような現象は顕著ではない（図 5.4 参照）．

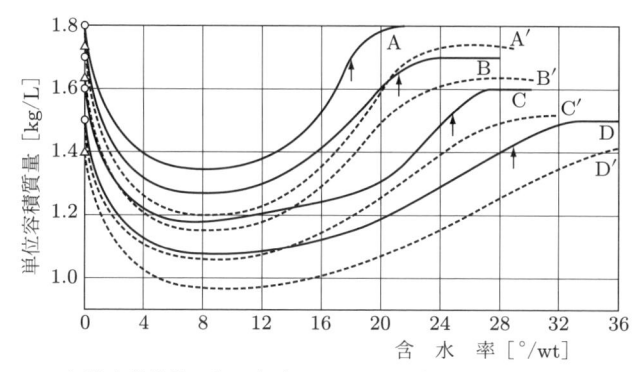

A～D：標準容積計量，A′～D′：突き込まない場合の容積計量，浸水後は砂面がます上面になるまで砂を入れ足す．A・A′＝5 mm 砂，B・B′＝2.5 mm 砂，C・C′＝1.2 mm 砂，D・D′＝0.6 mm 砂

図 5.4 砂の含水率と単位容積質量（計算では水を除く）の関係（浜田による）

▶ 5.6 細骨材の表面水率試験

（1） 試験目的

コンクリート製造時の品質管理の中で水量の管理は最も重要な項目である．また，コンクリートの調合設計では，骨材が表乾状態であることを前提として単位水量が計算されるが，実際のコンクリート製造現場で骨材の含水状態をそのように調整することは困難である．したがって，現場調合の計算にあたっては，使用骨材（特に細骨材）の含水状態を調べて単位水量を補正する必要があり，そのような目的のために表面水率試験が行われる．

なお，この試験は，前述の他の試験のように骨材固有の材料性質を評価するためのものではなく，あくまでも，ある時点での骨材の状態を把握するためのものである．

（2）器具

 i ）容器：ピクノメータ，目盛またはマークのあるガラス容器，または上面をすり合わせ仕上げしたガラス容器で，容量 500～1000 mL のもの．

 ii ）はかり：ひょう量 2 kg 以上で，目量が 0.1 g またはこれより小さいもの．

（3）試料

代表的な試料を 400 g 以上採取して 2 分し，それぞれを 1 回の試験に用いる．

（4）試験方法

試験は，次の質量法または容積法のいずれかによる．なお，容積法の場合は，容器として，目盛またはマークのあるガラス容器を用いる．

（a）質量法の場合

試料の質量 (W_1) を 0.1 g まではかる．次に，容器の目盛またはマークまで水を入れ（ピクノメータまたは上面をすり合わせした容器を用いるときは，ふたまたはガラス板を用いて容器を水で満たす），その質量 (W_2) をはかる．

その後，容器を空にし，試料を覆うのに十分な水を入れた後に，試料を入れる．そして，試料と水をゆり動かすかまたはかきまわして空気を十分に追い出し，目盛またはマークまで水を補充する．ふたまたはガラス板を用いる場合は，容器を満たすまで水を入れる．最後に，容器，試料および水の合計質量 (W_3) をはかる．

なお，試料で置き換えられた水の質量 (W) は，次式によって算出する．

$$W = W_1 + W_2 - W_3 \tag{5.14}$$

ここに，W：試料で置き換えられた水の質量 [g]，W_1：試料の質量 [g]，W_2：容器と水の質量 [g]，W_3：容器，試料および水の質量 [g]．

（b）容積法の場合

試料の質量 (W_1) をはかる．次に，試料を覆うのに十分な水量 (V_1) をはかって容器に入れる．そして，試料を容器に入れ，ゆり動かすかまたはかきまわして十分に空気を追い出す．その後，目盛のある容器を用いるときは，試料と水の容積の和 (V_2) の目盛を読む．また，マークのある容器を用いるときは，入った量がわかるようにして水をマークまで満たし，この水の容積を容器の容量から差し引いて，試料と水の容積の和 (V_2) を求める．

なお，試料で置き換えられた水の量 (V) は，次式によって算出する．

$$V = V_2 - V_1 \tag{5.15}$$

ここに，V：試料で置き換えられた水の量 [mL]，V_2：試料と水の容積の和 [mL]，V_1：試料を覆うように入れた水の量 [mL].

（5） 結果の整理方法

細骨材の表面水率は次式によって算出し，小数点以下1桁に丸める．

$$H = \frac{W - W_S}{W_1 - W} \times 100 \tag{5.16}$$

ただし，$W_S = \dfrac{W_1}{D_S}$

ここに，H：表面水率 [%]，W：試料で置き換えられた水の質量 [g]（容積法の場合は $W = 1 \times V$），W_1：試料の質量 [g]，D_S：表乾密度 [g/cm^3].

試験は2回行ってその平均値を試験結果とする．ただし，平均値からの差は0.3%以下でなければならない．

（6） 参考資料

骨材の表面水率の近似値を表5.11に示す．

表 5.11 骨材の表面水率の近似値

骨材の状態	表面水率 [%]
湿った砂利または砕石	1.5〜2
非常にぬれている砂（にぎると手のひらがぬれる）	2〜8
普通にぬれた砂（にぎると形を保ち，手のひらにわずかに水分がつく）	2〜4
湿った砂（にぎっても形はすぐくずれ，手のひらにわずかに湿りを感ずる）	0.5〜2

（建築材料実験用教材：日本建築学会）

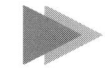

演習問題

1. コンクリート用骨材に要求される品質を具体的な数値を挙げて説明せよ．
2. 湿潤状態の砂 1,035 g を乾燥器で一定質量になるまで乾燥したら 994 g になった．この砂の吸水率，含水率および表面水率を求めよ．ただし，この砂の表乾状態での質量は 1,012 g であった．
3. 粗骨材のふるい分け試験を行った結果，各ふるいにとどまった量は次のようになった．この骨材の粗粒率および最大寸法を求めよ．

ふるいの呼び寸法 [mm]	40	30	25	20	15	10	5	2.5	2.5 以下
各ふるいにとどまる量 [g]	0	53	101	2721	2968	3881	261	15	0

4. 次の語句を簡単に説明せよ．
   ① 吸水率　　② 実積率　　③ 絶乾密度　　④ 含水率

5. 容積 10 L の単位容積質量測定容器に棒突きにより絶乾状態の粗骨材を詰め，容器の上面に沿ってならしたところ，容器中の粗骨材の質量は 16.59 kg であった．この粗骨材の単位容積質量，実積率および空隙率を求めよ．なお，この粗骨材の絶乾密度は 2.66 g/cm^3 であった．

6 コンクリートの調合設計

　コンクリートの調合設計とは，要求性能を満足するコンクリートを製造するために使用する材料の種類，およびその比率を決定することである．本章では，コンクリートの品質を確保するための調合条件および調合設計方法の一例を示し，コンクリートの調合設計の考え方の基礎について説明する．

6.1 コンクリートの構成材料

　図 6.1 に，一般的なコンクリートを構成する材料とその機能を示す．図中に示すように，各材料の性質およびそれらの構成比率は，コンクリートの性能を決定づける要因となり，同じ材料を使用したとしても，その構成比率が異なれば，コンクリートの性質は大きく異なる．

6.2 各構成材料の割合

　コンクリートの硬化体は，写真 6.1 に示すように，細・粗骨材の間をセメントペーストの硬化体と微細な気泡で充填した構造となっている．図 6.2 には，構成材料ごとにコンクリート内部に占める割合を示す．ここでは，比較のために，普通コンクリート，2 種類の高流動コンクリート，および高強度コンクリートの例を示す．
　まず，普通コンクリートに着目すると，図 6.2(a) の容積率による表示によれば，骨材（細骨材および粗骨材）だけでコンクリート全体のおよそ 70% 程度を占めていることがわかる．また，実際に硬化するセメントペースト分は空気量を除くと 30% 弱しかない．
　図 6.2(b) に示す質量による表示と図 6.2(a) の容積率による表示を比較すると，その印象は大きく異なる．すなわち，質量による表示では骨材の占める割合は 80% 弱とな

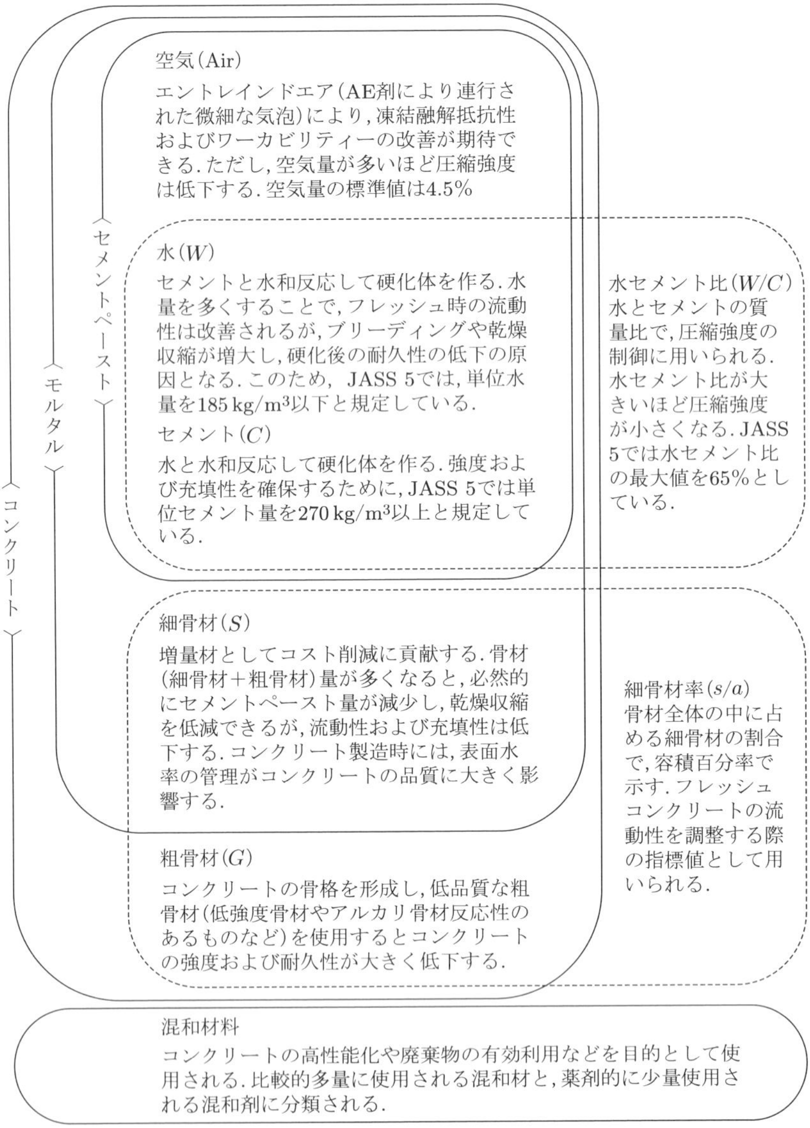

空気(Air)
エントレインドエア(AE剤により連行された微細な気泡)により,凍結融解抵抗性およびワーカビリティーの改善が期待できる.ただし,空気量が多いほど圧縮強度は低下する.空気量の標準値は4.5%.

水(W)
セメントと水和反応して硬化体を作る.水量を多くすることで,フレッシュ時の流動性は改善されるが,ブリーディングや乾燥収縮が増大し,硬化後の耐久性の低下の原因となる.このため,JASS 5では,単位水量を185 kg/m³以下と規定している.

セメント(C)
水と水和反応して硬化体を作る.強度および充填性を確保するために,JASS 5では単位セメント量を270 kg/m³以上と規定している.

水セメント比(W/C)
水とセメントの質量比で,圧縮強度の制御に用いられる.水セメント比が大きいほど圧縮強度が小さくなる.JASS 5では水セメント比の最大値を65%としている.

細骨材(S)
増量材としてコスト削減に貢献する.骨材(細骨材+粗骨材)量が多くなると,必然的にセメントペースト量が減少し,乾燥収縮を低減できるが,流動性および充填性は低下する.コンクリート製造時には,表面水率の管理がコンクリートの品質に大きく影響する.

粗骨材(G)
コンクリートの骨格を形成し,低品質な粗骨材(低強度骨材やアルカリ骨材反応性のあるものなど)を使用するとコンクリートの強度および耐久性が大きく低下する.

細骨材率(s/a)
骨材全体の中に占める細骨材の割合で,容積百分率で示す.フレッシュコンクリートの流動性を調整する際の指標値として用いられる.

混和材料
コンクリートの高性能化や廃棄物の有効利用などを目的として使用される.比較的多量に使用される混和材と,薬剤的に少量使用される混和剤に分類される.

図 6.1 コンクリートを構成する主な材料とその機能

り,セメントペースト中に占める水の割合が極端に小さくなる.そして,同一容積のコンクリートであっても質量の合計量が異なる.

このような違いは,それぞれの構成材料の密度が異なっているために起こる.図6.3に,各構成材料の密度の比較の一例を示す.コンクリートの調合設計においては,こ

6.2 各構成材料の割合　75

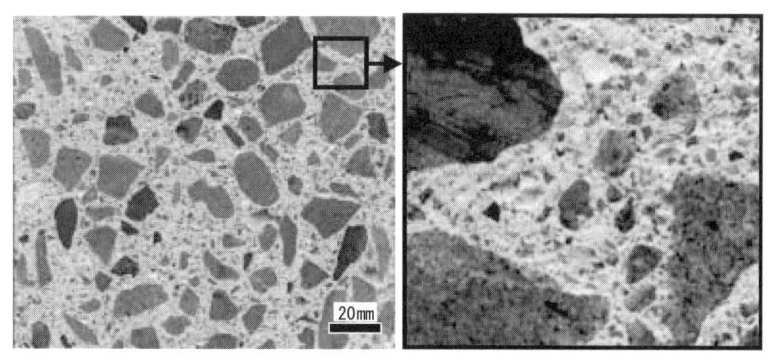

写真 6.1 コンクリートの切断面

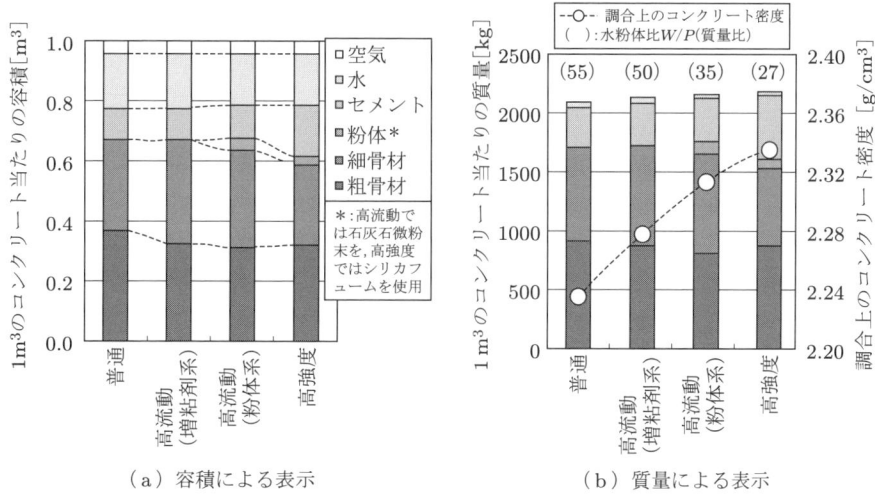

（a）容積による表示　　　　（b）質量による表示

図 6.2 各材料のコンクリート内部に占める割合

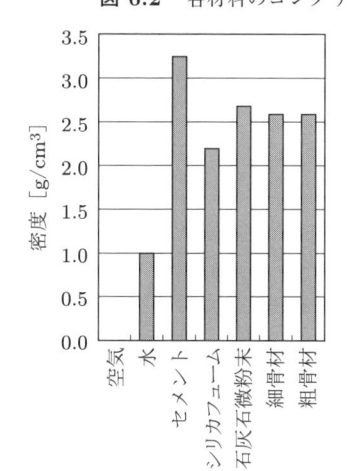

図 6.3 各構成材料の密度の比較の一例

のような構成材料の密度の違いにより計算が複雑になり，混乱しがちであるため，容積調合を常に意識して計算することが重要である．

6.3 コンクリートに要求される性能

コンクリートに対して要求される性能は，大きく分けて施工性能，強度・構造性能，耐久性能に分類されるが，それらの具体的な内容に関しては非常に多くの項目が挙げられている（表 6.1 参照）．これに対して，調合設計において考慮される項目は限られているものの，いくつかの重要なポイントさえ押さえておけば，ほぼすべての性能を満足するコンクリートを作ることができる．これは，過去の膨大な研究成果を反映させて取りまとめられた仕様書等により，使用材料や調合に関する選択範囲があらかじめ制限されているためであり，その制限された範囲内で調合設計することで，粗悪なコンクリートはできないようになっている．このような製品の品質確保の考え方を仕様規定という．

表 6.1 コンクリートに対する要求性能と関係する主な要因

性能の分類	コンクリートに対する要求性能	関係する主な要因
施工性能	配筋された型枠に打設・充填できること	スランプ，単位セメント量
	振動締固め時や鉄筋間通過時に極度の材料分離を生じないこと	スランプ，単位水量，水セメント比
	打設中に凝結しないこと	セメントの品質
	型枠脱型時にある程度の強度をもつこと	
	発熱量が許容範囲内であること	
強度・構造性能	圧縮強度が設計基準強度を満たしていること	構造体強度補正値，強度の標準偏差
	ヤング係数が所定の範囲内にあること	圧縮強度，骨材の品質
	気乾単位容積質量が所定の範囲内にあること	骨材の品質
耐久性能	乾燥収縮が所定量以下であること	単位水量，骨材の品質
	中性化に対する抵抗性を有すること	水セメント比，圧縮強度
	凍害に対する抵抗性を有すること	空気量
	内在する塩化物イオンによる鉄筋の発錆が起こらないこと	塩化物イオン量
	アルカリ骨材反応が起こらないこと	骨材の品質，コンクリート中のアルカリ量
	化学抵抗性や耐摩耗性を有すること	混和剤の種類，骨材の品質

6.4 調合設計の流れ

図 6.4 に，コンクリートの調合設計の大まかな流れを示す（図中に示す各種強度の意味は次節参照）．調合強度 (F) 決定後の調合設計方法は特に決まったものはなく，与えられた条件に基づいて各構成材料の単位量（コンクリート 1 m^3 当たりの質量および容積）を決定すればよい．ただし，このときに，一部の例外を除いて，図 6.1 に示したような条件を満足しておく必要がある．

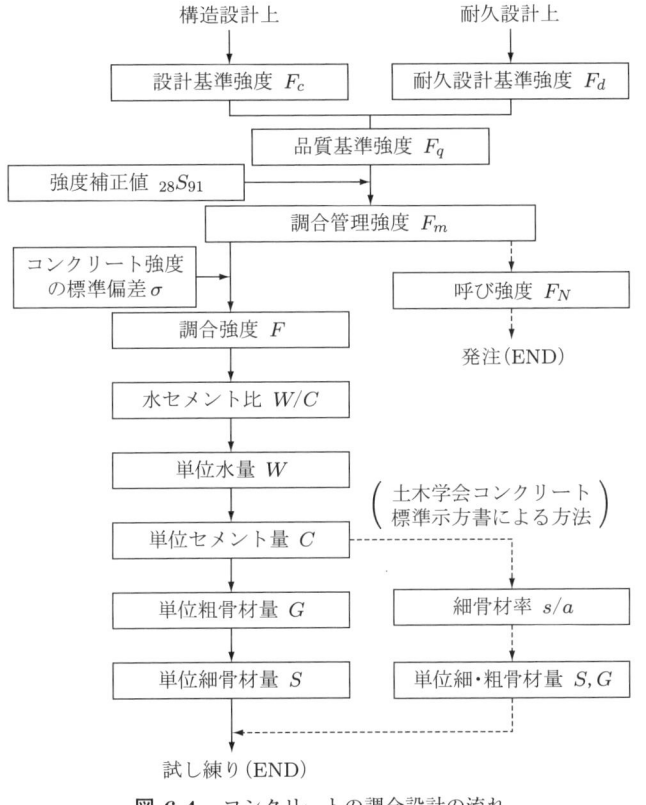

```
          構造設計上                  耐久設計上
             │                         │
       ┌─────▼─────┐             ┌─────▼─────┐
       │設計基準強度 Fc│             │耐久設計基準強度 Fd│
       └─────┬─────┘             └─────┬─────┘
             └──────────┬──────────────┘
                  ┌─────▼─────┐
                  │品質基準強度 Fq│
                  └─────┬─────┘
  ┌──────────┐          │
  │強度補正値 28S91├────────▶│
  └──────────┘    ┌─────▼─────┐
                  │調合管理強度 Fm│
                  └─────┬─────┘
  ┌──────────┐          ├──────────▶┌──────────┐
  │コンクリート強度│          │           │呼び強度 FN│
  │の標準偏差 σ ├────────▶│           └─────┬────┘
  └──────────┘    ┌─────▼─────┐          │
                  │ 調合強度 F │       発注(END)
                  └─────┬─────┘
                  ┌─────▼─────┐
                  │水セメント比 W/C│
                  └─────┬─────┘
                  ┌─────▼─────┐     ⎛土木学会コンクリート⎞
                  │ 単位水量 W │     ⎝標準示方書による方法⎠
                  └─────┬─────┘
                  ┌─────▼─────┐
                  │単位セメント量 C├─────────┐
                  └─────┬─────┘            │
                  ┌─────▼─────┐    ┌───────▼─────┐
                  │単位粗骨材量 G│    │ 細骨材率 s/a │
                  └─────┬─────┘    └───────┬─────┘
                  ┌─────▼─────┐    ┌───────▼─────────┐
                  │単位細骨材量 S│    │単位細・粗骨材量 S,G│
                  └─────┬─────┘    └───────┬─────────┘
                        │◀─────────────────┘
                   試し練り(END)
```

図 6.4 コンクリートの調合設計の流れ

各材料の単位量が決定された後に，コンクリートの調合が所要の性能（スランプ，ワーカビリティー，空気量，圧縮強度等）を有するものであるかどうかを確かめるために試し練りを行い，その結果を参考にして各材料の単位量を補正し，最終的な調合を決定する．

調合管理強度 (F_m) 決定後に，JIS 製品である生コンクリート（レディーミクストコンクリート）を購入する場合には，表 6.2 に示す呼び強度 (F_N) の中から調合管理

表 6.2　レディーミクストコンクリートの種類 (JIS A 5308 より抜粋・加筆)

スランプ [cm]	呼び強度 F_N											
	18	21	24	27	30	33	36	40	42	45	50	55	60
8,10,12,15,18	○	○	○	○	○	○	○	○	○	○			
21*			○	○	○	○	○	○	○	○	○	○	○

［注］コンクリート種類：普通コンクリート，粗骨材の最大寸法：20，25 mm．
＊：JASS 5 では調合管理強度が 33 N/mm² を超える場合のみ可．
（スランプが 21 cm と大きくなると材料分離が発生しやすくなるため）

強度 (F_m) を満足するものを注文することになる．ここで，呼び強度は単なる製品のグレードの呼称で単位はないが，実際には N/mm² の単位を付すとコンクリート強度の値となる．

6.5　調合設計方法

以下に，「日本建築学会建築工事標準仕様書 JASS 5 鉄筋コンクリート工事 (2009)」を参考に，普通コンクリートに関する調合設計方法の一例を示す．

（1）　設計基準強度 (F_c) および耐久設計基準強度 (F_d) の決定

設計基準強度 (F_c) とは，構造計算書において基準としたコンクリートの圧縮強度のことで，18，21，24，27，30，33 および 36 N/mm² の中から選ぶことを基本としている．

また耐久設計基準強度 (F_d) とは，構造物および部材の供用期間に応じた耐久性の確保に必要なコンクリートの圧縮強度のことで，主にコンクリートの中性化に対して必要な抵抗性を圧縮強度に換算したものである．アルカリ骨材反応，凍害および乾燥収縮ひび割れに対する耐久性については，圧縮強度のみから推定することが難しいため，ここでは考慮されていない．表 6.3 に JASS 5 に示されているコンクリートの計画供用期間と耐久設計基準強度の関係を示す．

表 6.3　コンクリートの計画供用期間と耐久設計基準強度

設計供用期間の級	計画供用期間	耐久設計基準強度 [N/mm²]
短　期	およそ 30 年	18
標　準	およそ 65 年	24
長　期	およそ 100 年	30
超長期	およそ 200 年	36*

［注］＊：かぶり厚さを 10 mm 増やした場合は，30 N/mm² とすることができる

（2） 品質基準強度 (F_q) および調合管理強度 (F_m) の決定

品質基準強度 (F_q) とは，構造物および部材の要求性能を得るために，材齢 91 日において構造体コンクリートが満たすべき圧縮強度をさす．コンクリートの品質基準強度 (F_q) としては，設計基準強度 (F_c) および耐久設計基準強度 (F_d) のうち，大きい方の値を用いる．

コンクリートの調合管理強度 (F_m) は，標準養生された強度管理用供試体が，材齢 28 日において満たすべき圧縮強度のことで，式 (6.1) によって算定される値とする．

$$F_m = F_q + {}_{28}S_{91} \quad [\text{N/mm}^2] \tag{6.1}$$

ここに，F_m：コンクリートの調合管理強度 [N/mm^2]
　　　　F_q：コンクリートの品質基準強度 [N/mm^2]
　　　　${}_{28}S_{91}$：強度補正値 [N/mm^2]

ここで用いる強度補正値 ${}_{28}S_{91}$ は，構造体コンクリートが外気温で材齢 91 日まで養生された場合の圧縮強度と，強度管理用供試体（構造体に打設されるのと同じコンクリートを採取して作成された直径 100 mm ×高さ 200 mm の円柱供試体）が 20°C の水中で材齢 28 日まで養生された場合の圧縮強度との差を補正する値（図 6.5 参照）であり，養生温度の影響，構造体と円柱供試体の強度差および材齢の影響を合計した値として算定される．表 6.4 に，JASS 5 に示されている強度補正値 ${}_{28}S_{91}$ の例を示す．

（構造体コンクリートの圧縮強度）＋${}_{28}S_{91}$＝（強度管理用供試体の圧縮強度）

- 養生温度：外気温度
- 養生湿度：外気湿度
- 材齢：91 日
- 供試体：コア供試体
- 満たすべき強度の基準：品質基準強度 F_q

- 養生温度：20°C
- 養生湿度：湿潤
- 材齢：28 日
- 供試体：円柱供試体
- 満たすべき強度の基準：調合管理強度 F_m

図 6.5 構造体コンクリート強度および強度管理用供試体の圧縮強度と構造体強度補正値 ${}_{28}S_{91}$ の関係の考え方

表 6.4 普通ポルトランドセメントを用いた場合の構造体強度補正値 ${}_{28}S_{91}$ の標準値

	コンクリートの打込みから材齢 28 日までの予想平均気温 θ の範囲 [°C]	
	$8 \leqq \theta$	$0 \leqq \theta < 8$
構造体強度補正値 ${}_{28}S_{91}$ [N/mm^2]	3（一般） 6（暑中期間）*	6

[注] *：暑中コンクリートの適用期間（日平均気温が 25°C を超える期間）

（3） 調合強度 (F) の決定

調合強度 (F) とは，コンクリートの調合を決める際に目標とする圧縮強度である．標準養生した供試体の材齢 28 日における圧縮強度で表し，式 (6.2) および式 (6.3) によって算出される値のうち，大きい方の値を用いる．

$$F = F_m + 1.73\sigma \quad [\text{N/mm}^2] \tag{6.2}$$

$$F = 0.85 F_m + 3\sigma \quad [\text{N/mm}^2] \tag{6.3}$$

ここに，F：コンクリートの調合強度 [N/mm^2]
F_m：コンクリートの調合管理強度 [N/mm^2]
σ：使用するコンクリートの圧縮強度の標準偏差 [N/mm^2]

使用するコンクリートの圧縮強度の標準偏差 (σ) は，実績をもとに定めるか，2.5 N/mm^2 または 0.1 F_m の大きい方の値を用いる．

ここで，式 (6.2) 中の "+1.73 σ" は，コンクリート強度のばらつきを考慮した強度の割増し分で，**不良率を 4% 以下とする**条件を定めている．図 6.6 (a) に示すように，コンクリートの強度は同一の調合および条件を用いても，必ずある程度のばらつき（正規分布）をもって測定される．通常，コンクリートの圧縮強度としてはその平均値を用いて評価されるが，構造物として考えた場合には，そのばらつきの中でも最も弱い部分で構造耐力が決定される場合があることを意識しておく必要がある．このため，図 6.6 (a) に示すように，調合管理強度 (F_m) を調合強度 (F) としてそのまま用いると，50% の確率で必要な強度を満足しないコンクリートとなってしまう．このため，図 6.6 (b) に示すように，調合管理強度 (F_m) をばらつきの程度（ここでは標準偏差 σ）に応じて割り増した値を調合強度 (F) としている．

また，式 (6.3) はコンクリートの圧縮強度がある**最小限界値**（ここでは，0.85 F_m）

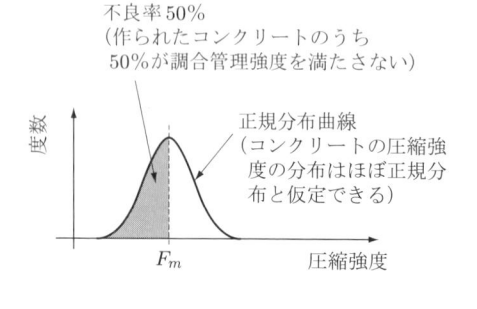

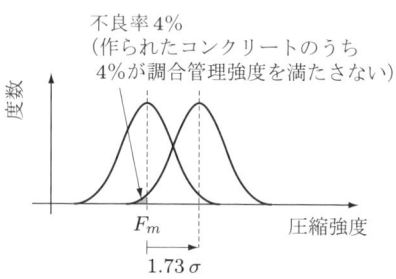

（a）調合管理強度をそのまま用いた場合 （b）式 (6.2) を用いた場合

図 **6.6** "+1.73σ" の理由

以下となる確率がほとんどゼロとなるようにするための条件を定めている．"+3σ"のとき不良率は 0.13%となる．この条件は，式 (6.2) のみでは，コンクリート強度のばらつきが大きい場合に，図 6.7 に示すように，コンクリートの圧縮強度分布が非常になだらかな形状となり，不良率 4%の条件を満たした場合でも，調合管理強度 F_m に対して非常に低い強度のコンクリートが作られる危険性があるために規定されている．

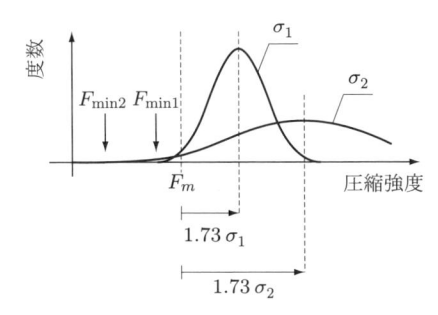

図 6.7 コンクリート強度の分布における最小値に及ぼす標準偏差 σ の影響

（4）水セメント比 (W/C) の決定

コンクリートの圧縮強度と水セメント比との間には一定の関係があり，通常，水セメント比を要因とした試し練り，もしくは，発注先のレディーミクストコンクリート工場のデータなどを参考に水セメント比を決定する．参考として，式 (6.4) に普通ポルトランドセメントを用いた普通コンクリートの平均的な水セメント比の算定式を示す．

JASS 5 では，普通コンクリートの場合，良好なワーカビリティーおよび均質性の確保のために，**水セメント比 (W/C) の最大値は 65%** と決められている．

$$x = \frac{51}{F/K + 0.31} \quad [\%] \tag{6.4}$$

ここに，x：水セメント比 [%]，　水セメント比 x の範囲：40〜65 [%]
　　　　F：調合強度 [N/mm^2]，　K：セメント強さ [N/mm^2]

式 (6.4) に用いるセメント強さ (K) とはセメント強さ試験 (JIS R 5201) により得られる調合の決められたモルタルの圧縮強度であり，市販のセメントを用いる場合には，セメント製造会社が毎月発行するセメント試験成績書の 28 日圧縮強さを用いることができる．

（5）単位水量 (W) の決定

JASS 5 では，**単位水量 (W) は 185 kg/m^3 以下**とし，所要のコンクリートの品質が得られる範囲内で，できるだけ小さくすると規定されている．これは，単位水量が

多すぎると，乾燥収縮ひび割れ，ブリーディングによる骨材や鉄筋周りの水隙の増加，打込み後の沈降によるひび割れなどが大きくなり，耐久性の低下を招くためである．

単位水量 W は，スランプと密接な関係があり，粒形の良い骨材を用いた場合には単位水量を小さくすることができる．逆に，砕石などを用いた場合には単位水量が大きくなるため，必要に応じて AE 減水剤などの化学混和剤を用いる必要がある．以下に，コンクリートの調合を決定するために試し練りを行う際の参考として，普通コンクリート（AE 減水剤使用）の単位水量 (W) の標準値を求めるための推定式を示す．

$$\text{最大寸法 25 mm の砂利を用いた場合：} W = 157 - 0.668x + 2.89 S_L \qquad (6.5)$$

$$\text{最大寸法 20 mm の砕石を用いた場合：} W = 170 - 0.700x + 2.85 S_L \qquad (6.6)$$

ここに，W：単位水量 [kg/m^3]，x：水セメント比 [%]，S_L：スランプ，
 （注：単位水量が 185 kg/m^3 を超える場合は，高性能 AE 減水剤などを用いて 185 kg/m^3 以下とする．）

（6） 単位セメント量 (C) の決定

JASS 5 では，**単位セメント量 (C) の最小値は 270 kg/m^3** と規定している．これは，乾燥収縮などの観点からは単位セメント量 (C) はできるだけ少なくすることが望ましいが，過小となるとワーカビリティーの低下，充填性の低下，水密性や耐久性の低下などを招きやすいためである．

単位セメント量 (C) およびその容積 (V_c) は，水セメント比および単位水量 (W)，セメントの密度 (ρ_c) を用いて次式によって求める．

$$C = \frac{W}{x} \times 100, \qquad V_c = \frac{C}{\rho_c} \qquad (6.7)$$

ここに，C：単位セメント量 [kg/m^3]，W：単位水量 [kg/m^3]，
 x：水セメント比 [%]，ρ_c：セメント密度 [kg/L]

（7） 単位粗骨材量 (G) の決定

以下に示す単位粗骨材かさ容積（コンクリート 1 m^3 を作るときに用いる粗骨材の，間隙部分の体積を含んだ見かけの容積）の標準値と水セメント比およびスランプの関係の表 6.5 より，単位粗骨材かさ容積を求め，この値に実積率を掛けると単位粗骨材容積 (V_G) が求められる．また，この V_G に粗骨材密度を掛けると単位粗骨材量 (G) が求まる．ただし，骨材の質量は，絶乾状態か表面乾燥飽水状態かを明記する必要がある（普通コンクリートの場合には表面乾燥飽水状態を用いるのが一般的である）．

$$V_G = (\text{単位粗骨材かさ容積 [m}^3/\text{m}^3]) \times (\text{粗骨材の実積率 [\%]}) \times \frac{1000}{100}$$

$$G = V_G \times \rho_G \tag{6.8}$$

ここに，V_G：単位粗骨材容積 [L/m^3]，G：単位粗骨材量 [kg/m^3]
ρ_G：粗骨材密度 [kg/L]

表 6.5　普通ポルトランドセメントおよび AE 減水剤を用いる
普通コンクリートの単位粗骨材かさ容積の標準値

スランプ [cm]	単位粗骨材かさ容積 [m^3/m^3]	
	砂利 (最大寸法 25 mm)	砕石 (最大寸法 20 mm)
8	0.69	0.68
12	0.68	0.67
15	0.67	0.66
18	0.63	0.62
21	0.59	0.58

(8)　単位細骨材量 (S) の決定

単位細骨材容積 (V_S) および単位粗骨材量 (S) は，次式で計算される．

$$V_S = 1000 - (V_W + V_C + V_G + V_A), \quad S = V_S \times \rho_s \tag{6.9}$$

ここに，V_S：単位細骨材容積 [L/m^3]，V_W：水の単位容積 [L/m^3]，V_C：単位セメント容積 [L/m^3]，V_G：単位粗骨材容積 [L/m^3]，V_A：空気の単位容積 [L/m^3]，S：単位細骨材量 [kg/m^3]，ρ_s：細骨材密度 [kg/L]

(9)　細骨材率 (s/a) の算定

コンクリート中の骨材（細骨材＋粗骨材）中に占める細骨材の容積率を細骨材率 (s/a) という．コンクリートのワーカビリティーは，細骨材率 (s/a) を少し変えると微妙に変化するため，調合の調整は細骨材率 (s/a) を適宜増減して行えばよい．

$$\frac{s}{a} = \frac{V_S}{V_S + V_G} \times 100 \; [\%] \tag{6.10}$$

(10)　塩化物イオン量の確認

JASS 5 では，**塩化物イオン (Cl$^-$) 量は 0.30 kg/m^3 以下**と規定している．これは，コンクリート中に一定量以上の塩化物イオンが存在すると，中性化が進行していなくても，鉄筋が腐食し始めることがあり，鉄筋コンクリート構造物の耐久性に対して非常に大きな問題となるためである．

コンクリートの構成材料のうち，塩化物イオンが最も多く含まれる可能性があるのが海砂であり，他は，セメント，水，および化学混和剤の一部に含まれている可能性

がある．各材料の単位量が算出された時点で，各材料の塩化物イオン含有率から含有量を求め，コンクリート中の塩化物イオン総量を算出し，規定値以下であることを確認する．

(11) 計画調合の表し方

JASS 5 においては，コンクリートの計画調合は，表 6.6 のような形式で表すことになっている．

表 6.6 計画調合表の表し方の一例

品質基準強度 [N/mm²]	調合管理強度 [N/mm²]	調合強度 [N/mm²]	スランプ [cm]	空気量 [%]	水セメント比 [%]	粗骨材の最大寸法 [mm]	細骨材率 [%]	単位水量 [kg/m³]	絶対容積 [L/m³]			質量 [kg/m³]			化学混和剤の使用量 [mL/m³] または [C×%]	計画調合上の最大塩化物イオン量 [kg/m³]
									セメント	細骨材	粗骨材	混和材	セメント	*細骨材	*粗骨材	混和材		

[注] * 絶対乾燥状態か，表面乾燥飽水状態かを明記する．ただし，軽量骨材は絶対乾燥状態で表す．
混合骨材を用いる場合，必要に応じ混合前のそれぞれの骨材の種類および混合割合を記す．

▶ 演習問題

1. 下記のそれぞれの値に関して，JASS 5 において規定されている上限値または下限値とこのような制限値を決めている理由を簡単に説明せよ．
   (a) 単位水量
   (b) 単位セメント量
   (c) 水セメント比

2. 以下の語句について簡単に説明せよ．
   (a) 設計基準強度
   (b) 耐久設計基準強度
   (c) 調合管理強度
   (d) 調合強度

3. 下に示すコンクリートの調合表について，以下の設問に答えよ．

単位量 [kg/m³]				単位量 [L/m³]			
W	C	S	G	w	c	s	g
182	331	764	958	182	105	300	368

(a) 各材料（水，セメント，細骨材，粗骨材）の密度 [kg/L] を求めよ．
(b) 水セメント比を求めよ．
(c) 細骨材率を求めよ．

4. 以下に示す条件を満たすコンクリートの計画調合表を作成せよ．
   1) コンクリートの種類および製造条件：普通コンクリートで工事現場練り
   2) 使用材料
      ⅰ) セメント：普通ポルトランドセメント（密度 = 3.15 kg/L，セメント強さ K = 61.3 N/mm^2，塩化物イオン含有率 = 0.017%）
      ⅱ) 細骨材：川砂（粗粒率 $f.m.$ = 2.8，表乾密度 = 2.55 kg/L，単位容積質量 = 1.65 kg/L，実積率 = 65.4 %，塩分含有率 (NaCl) = 0.001%）
      ⅲ) 粗骨材：硬質砂岩砕石（最大寸法 = 20 mm，粗粒率 $f.m.$ = 6.5，表乾密度 = 2.60 kg/L，単位容積質量 = 1.54 kg/L，実積率 = 59.4%）
      ⅳ) 混和剤：AE 減水剤（塩化物イオン含有率 = 0.0%，標準添加率はセメント質量の 0.5% とする）
   3) 設計基準強度：F_c = 21 N/mm^2
   4) 計画供用期間の級：標準
   5) 所要空気量：4.5 %
   6) 所要スランプ：18 cm
   7) コンクリートの打込みから材齢 28 日までの予想平均気温：11°C
   8) 構造体コンクリートの強度管理材齢：28 日
   9) 骨材の粒度特性を考慮し，作成した調合表から細骨材率を +1% 補正する．

7 フレッシュコンクリートの試験方法

　通常の鉄筋コンクリート工事では，生コンクリート（レディーミクストコンクリート）を購入し，建設現場において配筋された型枠に打設して鉄筋コンクリート構造物を製造する．このため，打設時のフレッシュコンクリートの品質評価は，健全な鉄筋コンクリート構造物を生産するうえで非常に重要となる．本章では，実際に施工現場で行われているフレッシュコンクリートの品質評価試験のうち，主要なものについてその目的および試験方法について説明する．

7.1 レディーミクストコンクリートの受入検査

　表 7.1 に，「建築工事標準仕様書 JASS 5 鉄筋コンクリート工事」（日本建築学会）に示されているレディーミクストコンクリートの受入れ時の基本的な検査項目を示す．
　一般に，施工業者が生コンクリート工場からレディーミクストコンクリートを購入する形となる．打ち込むコンクリートの品質は，構造物の安全性や耐久性に直接関係するので，施工者は工事に使用するコンクリートが所要の品質および発注時の指定事項を満足していることを工事開始前から工事期間中にいたるまで常に確認しておかなければならない．このため，JASS 5 では，表 7.1 に示す試験等は施工者が責任をもって行うべきものであるとしている．
　また，レディーミクストコンクリートが現場に到着した際に，受入検査によって所要の品質が確保されていないことが判明したものは返却されることになる．
　本章では表 7.1 に示す検査項目のうち，太字で示されている試験方法について説明する．

表 7.1　レディーミクストコンクリートの受入れ時の基本的な検査項目

	項目	試験・検査方法
(1)	コンクリートの種類 呼び強度 指定スランプ 粗骨材の最大寸法 セメントの種類 運搬時間 納入容積	納入書による確認
(2)	単位水量	特記した方法．特記がない場合は調合表またはコンクリートの製造記録による確認
(3)	アルカリ量	材料の試験成績書および配合報告書またはコンクリート製造管理記録による確認
(4)	ワーカビリティーおよびフレッシュコンクリートの状態	目視
(5)	**スランプ**	**JIS A 1101**
(6)	**空気量**	JIS A 1116 (重量方法) JIS A 1118 (容積方法) **JIS A 1128 (圧力方法)**
(7)	**圧縮強度**	JIS A 1108 （養生は標準養生とし，材齢は28日とする）
(8)	**塩化物量**	JIS A 1144 **JASS 5T-502**（簡易試験方法）
(9)	コンクリート温度	JIS A 1156

7.2　試料の準備

試験に用いるフレッシュコンクリートは，JIS A 1115「フレッシュコンクリートの試料採取方法」の規定によって採取するか，または JIS A 1138「試験室におけるコンクリートの作り方」の規定によって作成する．

（1）　フレッシュコンクリートの試料採取方法

JIS A 1115 には，ミキサ，トラックアジテータ，コンクリートポンプ，および打ち込んだ箇所などからフレッシュコンクリートの試料を採取する方法について規定されている．試料は，試験しようとするコンクリートの各所からほぼ等量ずつ採取されたコンクリート（分取試料という）を一様になるまで練り混ぜたものとするとしている．ただし，試料のばらつきを試験する場合などにおいては，分取試料をそのまま試験に

用いてもよい．

　試料の量は 20 L 以上，かつ，試験に必要な量より 5 L 以上多く採取する．ただし，分取試料をそのまま試料とする場合には 20 L より少なくてもよい．

　分取試料の採取方法は，JIS A 1115 の附属書 1 において詳しく解説されており，試験をしようとするコンクリートを代表するように 3 箇所以上から採取する．その際，ミキサおよびトラックアジテータ等から排出される試料は，排出の初めと終りの試料は用いず，中程の試料から定間隔に 3 回以上採取する．

　採取された試料は，直ちに非吸水性材料でできた容器に入れて，試験が終わるまでは，日光，風などによる水分量や温度の変化が過度とならないように試料を保護し，手早く取り扱う．

（2）　試験室におけるコンクリートの作り方

　使用する材料は，練り混ぜる前に 20±3°C の温度に保つのが望ましい．また，骨材の粒度および含水状態がバッチごとに変化しないように準備しておく．ここで，骨材の含水状態は表面乾燥飽水状態またはこれに近い状態とする．

　材料は質量で別々に計量する．ただし，水および液状の混和剤は容積で計量してもよい．計量には 1 回の計量分の 0.5% まで読み取れる計量器を用い，正確にはかる．計量した骨材は，練混ぜまでに乾燥しないようにする．

　コンクリートの練混ぜは，20±3°C，湿度 60% 以上に保たれた試験室で行うのが望ましい．コンクリートはミキサを用いて練り混ぜ，1 回の練混ぜ量は，試験に必要な量より 5 L 以上多くし，ミキサの公称容量の 1/2 以上で，かつ，公称容量を超えない量とする．

　練り混ぜるコンクリートと等しい調合の少量のコンクリートをあらかじめ練り混ぜ，ミキサ内部にモルタル分が付着した状態としておく．各材料は，コンクリートがなるべくミキサに付着しないような，また，速やかに均一となるような投入順序で投入し，均一となるまで練り混ぜる．練り混ぜたコンクリートは，ミキサと同様にモルタルを付着させた練り板に受け，コンクリート用ショベルで均一となるまで練り直す．

▶ 7.3　スランプ試験

（1）　試験目的

　スランプ試験は，フレッシュコンクリートの流動性を評価するために行う試験である．フレッシュコンクリートを型枠内に充填するのに適切なスランプは，型枠および配筋の状態によって異なる．一般に，スランプが大きい方が流動性が高く，打込みが

容易になるが，鉄筋間の通過時や加振時に材料分離が発生しやすく，品質が低下する恐れがある．このため，JASS 5 では，建築構造物用のコンクリートのスランプは 18 cm 以下（ただし，調合管理強度が 33 N/mm² 以上の場合は 21 cm 以下）としている．高流動コンクリートなどの流動性を高めたコンクリートに対しては，JIS A 1150 においてスランプフロー試験方法（変形後の試料の直径で評価する方法）が規定されている．

（2） 使用器具

スランプ試験には，図 7.1 に示すスランプコーン，スランプ板，突き棒，スランプ測定器が用いられ，これ以外に，試料の充填の際にはハンドスコップおよびこてなどが用いられる．

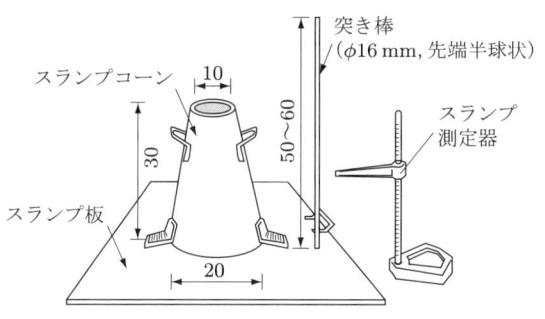

図 7.1 スランプ試験の使用器具（単位：cm）

（3） 試験方法

① スランプ板を水平に設置し，スランプコーンの内面およびスランプ板の表面を湿布で拭いて湿らせる．
② スランプ板の中央にスランプコーンを置き，スランプコーンの足押さえをしっかり両足で押さえ，底面からの漏水，コーンの浮上がりを防ぐ．
③ フレッシュコンクリートをほぼ等しい量の 3 層に分けて詰める．各層は突き棒で均した後，25 回一様に突く（材料分離を生じる恐れのあるときには，分離を生じない程度に突き回数を減らす）．各層を突く際の突き棒の突き入れ深さは，その前層にほぼ達する程度とする．試料の上面はコーンの上端に合わせて平らに仕上げる．
④ 直ちにスランプコーンを 2～3 秒で鉛直に引き上げる（スランプコーンに試料を詰め始めてからコーンの引上げ終了までの時間は 3 分以内とする）．
⑤ スランプ後の試料の中央部において，下がり量を 0.5 mm 単位で測定し，これを

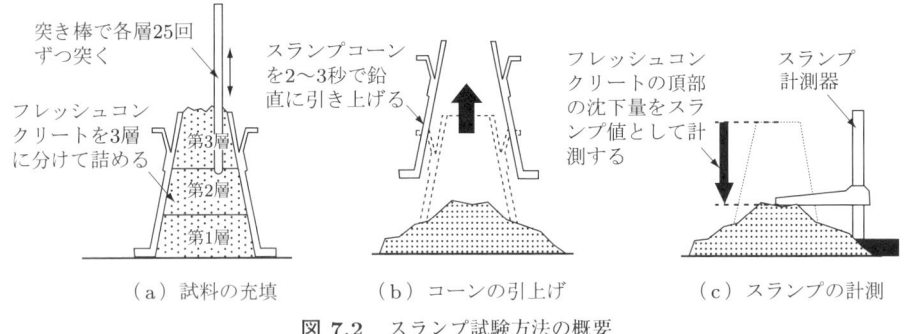

(a) 試料の充填　　（b) コーンの引上げ　　（c) スランプの計測

図 7.2　スランプ試験方法の概要

(a) スランプ 18 cm　　(b) スランプ 12 cm　　(c) スランプ 8 cm

写真 7.1　スランプ試験結果の例

スランプとする．なお，試料がスランプコーンの中心軸に対して偏ったり，崩れたりして，形が不均衡になった場合には，別の試料を用いて再試験する．

7.4　空気量試験（空気室圧力方法）

(1) 試験目的

コンクリート中の空気量(エントレインドエアの量)は，コンクリートの凍結融解抵抗性(耐凍害性)だけでなく，ワーカビリティー，強度，水密性などに重大な影響を及ぼすので，コンクリートの品質管理において空気量の測定が不可欠となる．

コンクリートの空気量の測定方法には，前掲の表 7.1 に示した重量方法，容積方法および圧力方法がある．重量方法と容積方法の原理は簡単であるが，その測定には時間と労力を要し，熟練しないと空気量を正確に測定できないので，最近では圧力方法が最も多く用いられる．このため，本節では圧力方法（空気室圧力方法）に関して概説する．本方法は，人工軽量骨材のような多孔質な骨材および粗骨材最大寸法が 40 mm 以上の普通骨材を用いたコンクリートには適用できない．

（2） 使用器具

エアメータは，写真7.2に示すような，鋼製の試料容器および圧力計のついたふたからなる．一般に試料容器の容積は7L程度のものが用いられる．測定時には，エアメータ以外にハンドスコップ，突き棒，木づち，ストレートエッジ（コンクリート表面を均す道具），スポイト（注水法のみ）が必要となり，装置のキャリブレーション時には，磨きガラス板，キャリブレーション用パイプ，メスシリンダーおよびはかりも必要となる．エアメータは，定期的に校正されたものを用いる．

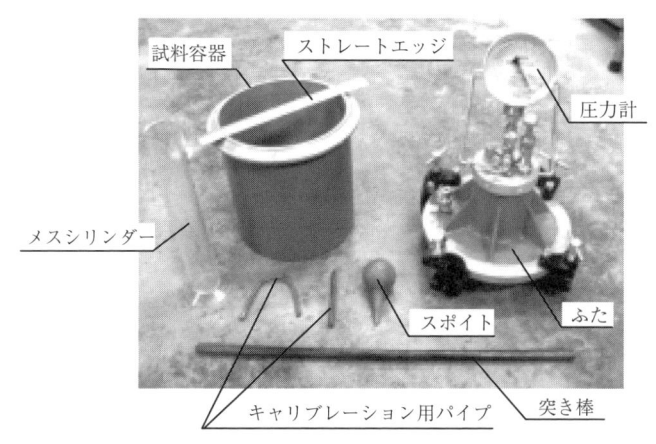

写真 7.2 空気量試験（空気室圧力方法）の使用器具

（3） 試験方法
（a） コンクリートの空気量（注水法および無注水法）

① エアメータ内部を湿布で拭いて湿らせた後，フレッシュコンクリートを試料容器に充填する．充填方法は，フレッシュコンクリートを3層に分けて詰め，各層を突き棒で25回ずつ突き（突き棒の突き入れ深さはほぼ各層深さとする），突き穴および表面の大きな泡がなくなるように，試料容器の側面を10～15回木づちなどでたたく．

② 試料上面は，試料容器上面と同じ高さとなるように，ストレートエッジで平らにし，試料容器の上端部（ふたのパッキンに接する部分）に付いたコンクリートを布などできれいにふき取る．

③ ふたのペットコックを開いた状態で，ふたを試料容器に取り付け，クランプにより均等に締め付ける．

④ 排気弁を開け，ペットコックからスポイトで静かに注水し，ふたの裏面と試料表面との間の空間を水で満たす．完全に気泡が追い出されたことを確認した後

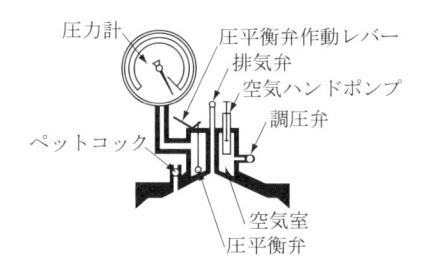

(a) ふた部分の構成と名称

圧力計／圧平衡弁作動レバー／排気弁／空気ハンドポンプ／調圧弁／ペットコック／空気室／圧平衡弁

① 試料の充填
フレッシュコンクリートを3層に分けて詰める／突き棒で各層25回ずつ突く／木づちで各層ごとに10～15回ずつたたく／第3層／第2層／第1層

② 試料表面の整形
余分な試料をストレートエッジでかき取り平らにする／フランジ部分の試料をきれいにぬぐう

③ ふたの固定
ペットコックを開けた状態でふたを閉めクランプで固定する

④ 注水（注水法のみ）
排気弁を開く／スポイトで注水する

⑤ 空気室の与圧
空気ハンドポンプで空気室を与圧する／調圧弁で圧力計の指針を初圧力線に合わせる

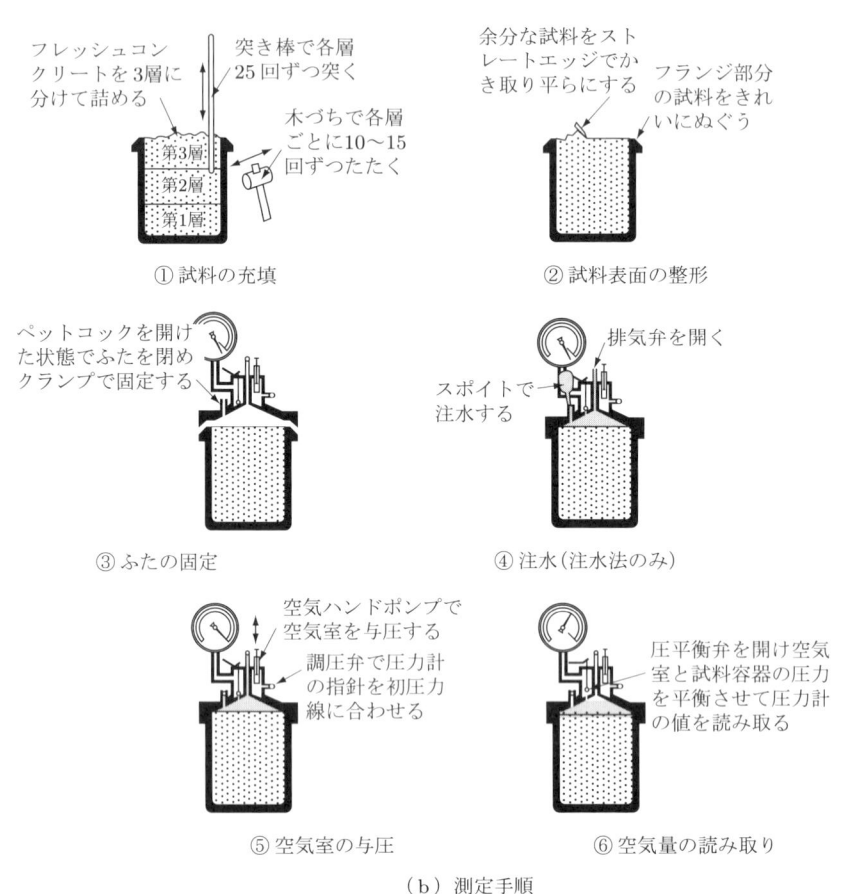

⑥ 空気量の読み取り
圧平衡弁を開け空気室と試料容器の圧力を平衡させて圧力計の値を読み取る

(b) 測定手順

図 7.3　空気室圧力方法の概要

に，ペットコックおよび排気弁を閉じる．（**無注水法では，**④ **の注水の手順は行わない**）

⑤ すべての弁（排気弁，ペットコックおよび調圧弁）を閉じた状態で，ハンドポン

プにより空気室の圧力を初圧力線よりわずかに大きくする．約5秒後に，調圧弁を徐々に開いて圧力計の指針を初圧力線に一致させる（**初圧力線の位置は注水法と無注水法で異なるので注意する**．また，圧力計の指針を合わせるときには，常に圧力計の後面を指先で軽くたたきながら行う）．

⑥ 圧平衡弁作動レバーを押し下げて，空気室と試料容器の圧力を平衡させる．コンクリート各部に圧力を行き渡らせるために，容器側面を木づちで数回たたく．その後，再度圧平衡弁作動レバーを十分に開放して圧力を平衡させ，圧力計の空気量（A_1）の目盛を小数点以下1桁まで読み取る（圧力計の指針を読み取るときには，常に圧力計の後面を指先で軽くたたきながら行う）．

⑦ コンクリートの空気量（A）は，次式により算定する．

$$A = A_1 - A_a \tag{7.1}$$

ここに，A：コンクリートの空気量 [%]
　　　　A_1：エアメータによるコンクリートの空気量の測定値 [%]
　　　　A_a：骨材修正係数 [%]（次項 (b) 参照）

（b） 骨材修正係数

骨材修正係数とは，骨材粒の空隙または吸水など，骨材が空気量に及ぼす影響を修正するための係数である．

まず，使用する骨材量を下式により算定する．

$$M_s = \frac{V_c}{10^6} \times S \tag{7.2}$$

$$M_g = \frac{V_c}{10^6} \times G \tag{7.3}$$

ここに，V_c：試料容器の容積 [mL]
　　　　M_s：容積 V_c のコンクリート中にある細骨材の質量 [kg]
　　　　M_g：容積 V_c のコンクリート中にある粗骨材の質量 [kg]
　　　　S：単位細骨材量 [kg/m^3]，G：単位粗骨材量 [kg/m^3]

試料容器に約 1/3 まで水を満たし，そこにコンクリートに用いる細骨材および粗骨材をそれぞれ M_s および M_g だけ入れ，骨材全体が水に浸されるようにする．骨材を入れる際には，少量ずつ混合して入れ，できるだけ空気が入らないようにする．また，空気を追い出すために木づちで試料容器の側面をたたき，細骨材を加えるごとに 25 mm の深さに達するまで突き棒で約 10 回突く（骨材は，コンクリート中の含水状態に近づけるため，5 分程度水に浸しておくとよい）．

すべての骨材を容器に入れた後，水面の泡をすべて取り去り，エアメータのふたを閉め，(a) で述べた注水法の要領でエアメータ内部に注水し，試料の空気量を測定す

る．このときの空気量が骨材修正係数 A_a となる．

7.5 塩化物量試験（モール法）

（1） 試験目的

コンクリート中に一定量以上の塩化物が存在すると，中性化が進行していなくても，塩化物イオンの作用によって鉄筋が腐食し始める．またこの塩化物イオンによる鉄筋の腐食作用は，コンクリートが中性化するとさらに助長される．このため，コンクリート中の塩化物の量（塩化物イオン Cl^- 換算）は，JASS 5 において，原則として 0.30 kg/m³ 以下と規定されている．

塩化物量の上限値は各使用材料においても設定されているため，コンクリート中の塩化物イオン量は，各材料の段階で規定値以下となっていればほぼ問題はないが，細骨材として海砂を使用した場合などに注意が必要となる．JASS 5 においても，塩化物を含む恐れのある骨材を用いる場合に塩化物量試験を行うとしている．

JASS 5 では試験方法として JIS A 1144「フレッシュコンクリート中の水の塩化物イオン濃度試験方法」および JASS 5T-502「フレッシュコンクリート中の塩化物量の簡易試験方法」が挙げられているが，JIS A 1144 による方法は特殊な試験装置が必要となるため，受入検査には適さない．よってここでは，JASS 5 T-502「フレッシュコンクリート中の塩化物量の簡易試験方法」に基づいて，現在一般に用いられている試験方法の1つであるモール法について概説する．

（2） 使用器具

モール法の原理は，毛細管中にフレッシュコンクリート中のブリーディング水を吸い上げさせ，重クロム酸銀（茶褐色）と塩化物イオンとを反応させて白色の酸化銀を生成させ，白色に変色した部分の長さで塩化物イオン濃度を測定するものである．

使用器具は，フレッシュコンクリートを採取する容器以外には，図 7.4 に示すモール法による試験紙のみである．

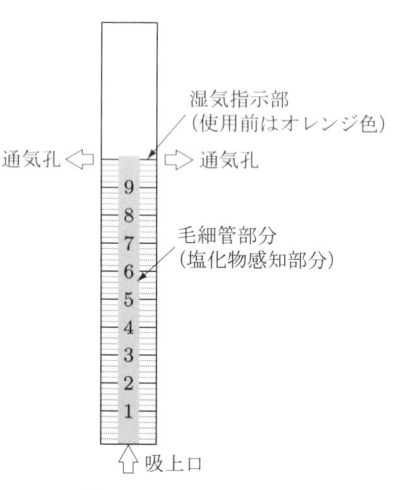

図 7.4 モール法試験紙

(3) 試験方法

① 試料のフレッシュコンクリートを適当な容器に採取する．ここで，試料は1L程度で充分であるが，JIS A 1115（まだ固まらないコンクリートの試料採取方法）等に準じて，測定するコンクリートの代表的な部分を採取する．

② 採取した試料に試験紙を倒れないように3本差し込み（全長の1/3程度），湿気指示部が暗青色に変化するまで約10分程度待つ（写真7.3参照）．このとき，試験紙は直射日光と水分の影響を受けるため，測定直前にアルミパックから取り出し，測定は必ず直射日光を避けて行う．また，試験紙の通気口部分が水に触れると湿気指示部が変色し終点がわからなくなるので，絶対に濡らさないようにする．

写真 7.3 モール法の試験状況

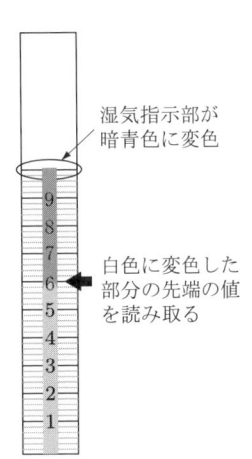

図 7.5 値の測定方法

③ 試験紙の湿気指示部がオレンジ色から暗青色に変色したことを確認した後に，試料より取り出し，毛細管部分の色が茶褐色から白色（淡黄色）に山なりに変色した部分の頂点を0.1の位まで読み取る（図7.5参照）．

④ 試験紙の読みから，試験紙に添付されている換算表を用いて，フレッシュコンクリート中の水に対するCl^-濃度を3本についてそれぞれ求め，その平均値を式(7.4)に代入してコンクリート中の塩化物含有量を計算する．ここで，換算表は必ず試験紙に付属していたものを用いること．

$$C = C_{\text{ave}} \cdot W/100 \tag{7.4}$$

ここに，C：コンクリート中の塩化物含有量 [kg/m^3]
　　　　C_{ave}：換算表から求めた Cl^- 濃度の3本の平均値 [%]
　　　　W：コンクリートの単位水量 [kg/m^3]

演習問題

1. フレッシュコンクリートの受入検査として行われている試験を2つ挙げ，各試験の概要とその意義について簡単に説明せよ．
2. コンクリート中に含まれるエントレインドエアの役割を説明せよ．
3. コンクリート中の塩化物の量（塩化物イオン Cl^- 換算）は，JASS 5 において，原則として $0.30\ kg/m^3$ 以下と規定されているが，この理由を簡単に述べよ．

8 硬化コンクリートの強度および弾性係数試験方法

　硬化コンクリートの強度には多くの種類があるが，それらのうち，最も重要視されるのは圧縮強度である．これは，コンクリートの場合，圧縮強度が他の強度に比べて非常に高いこと，圧縮強度から他の強度のおよその値が経験的に推定できること，RC構造物の設計には主として圧縮強度が利用されていること，などによるためである．

　このことから，本章では，最も重要度の高い圧縮強度試験（JIS A 1108）についてまず解説する．また，このほかに，比較的実施される機会の多い引張強度試験（JIS A 1113）や弾性係数試験（JIS A 1149）についても取り上げる．

8.1　強度および弾性係数試験の種類と関連規格

　硬化コンクリートの強度性質は，表8.1に示すように，載荷応力の状態によって圧縮，引張，せん断，ねじり，衝撃，支圧，疲労，多軸強度などに分けられる．一方で，コンクリートの各種強度は，たとえ使用材料や調合が同一であっても，試験方法によって異なる場合がある．そのため，わが国では，主要な強度試験についてはその方法がJISに定められている．

8.2　圧縮強度試験

(1)　試験目的

　前述のように，圧縮強度試験は，硬化コンクリートの各種試験の中で最も重要視されており，この試験を行う目的は次のように大別される．

ⅰ）任意の使用材料および調合のコンクリートの圧縮強度を知る．また，その結果を踏まえ，所定の強度を得るためのコンクリートの調合を設定する．

ⅱ）圧縮強度から他の諸性質（引張強度，弾性係数，耐久性，耐火性など）を推定する．

表 8.1　コンクリートの強度および弾性係数試験と関連 JIS 規格

種別	試験の種類		JIS 規格
強度試験	圧縮強度試験	円柱供試体による試験	JIS A 1108
		コンクリートから採取したコアの試験	JIS A 1107
	引張強度試験	割裂引張試験	JIS A 1113
		直接引張試験	－
	曲げ強度試験	3 等分点載荷試験	JIS A 1106
		コンクリートから採取した角柱供試体の試験	JIS A 1114
	多軸強度試験	2 軸圧縮試験	－
		3 軸圧縮，引張・圧縮，軸圧・ねじり，軸圧・曲げ	－
	せん断強度試験	1 面および 2 面せん断試験	－
	支圧強度試験		－
	衝撃強度試験	圧縮，曲げ，引張	－
	疲労強度試験	片振り，両振り	－
	ねじり強度試験		－
弾性係数試験	静弾性係数試験		JIS A 1149
	動弾性係数試験		JIS A 1127

iii) 実際の構造物に施工されたコンクリートが設計上仮定した圧縮強度やその他の性質を保持しているかを検査する．

iv) コンクリートの品質管理用データを得る．

（2）供試体の作り方

供試体は，JIS A 1132「コンクリートの強度試験用供試体の作り方」に従って，以下の手順で作製する．

（a）供試体の寸法

供試体は，直径が粗骨材の最大寸法の 3 倍以上かつ 10cm 以上，高さが直径の 2 倍の円柱形とする．

（b）器具

i）型枠：所定の供試体の精度が得られ，非吸水性で，供試体を作るときに漏水しないもの．なお，型枠の内面には，コンクリートを打ち込む前に，鉱物性の油またははく離剤を薄く塗っておく．

ii）突き棒：直径 16 mm，長さ 500～600 mm で，先端が半球状の丸鋼．

iii）内部振動機：コンクリートを締め固めるために用いる（写真 8.1 参照）．

（c）コンクリートの打込み

コンクリートは次のいずれかの方法により打ち込む．

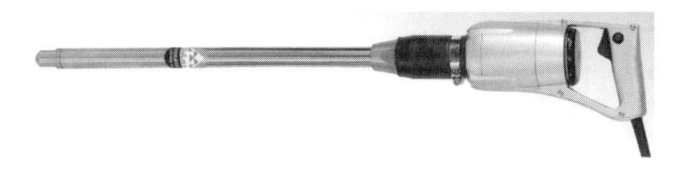

写真 8.1 内部振動機

<u>**1) 突き棒を用いる場合**</u>　　直径 15 cm，高さ 30 cm の供試体の場合は，3 層に分けてコンクリートを詰め，各層を突き棒で 25 回ずつ突く．また，直径 15 cm 以外の供試体の場合は，各層の厚さを 10〜15 cm とし，上面 7 cm^2 について 1 回の割合で突く（したがって，直径 10 cm，高さ 20 cm の供試体の場合は，2 層に分けてコンクリートを詰め，各層を突き棒で 11 回ずつ突く）．その際，材料分離する可能性がある場合は，分離が生じない程度に突き数を減らす．そして，突き終わった後に，型枠側面を木づちで軽くたたいて，突き棒によってできた穴がなくなるようにする．

<u>**2) 内部振動機を用いる場合**</u>　　コンクリートをほぼ等しい 2 層に分けて詰める．その際，各層ごとに，上面約 60 cm^2 について 1 回の割合で内部振動機を差し込む．振動機は，下層を締め固めるときは底面から約 2 cm の深さまで突き入れ，上層を締め固めるときは下層に 2 cm 程度差し込むようにする．振動機を抜き終わったら型枠側面を木づちで軽くたたく．

（d）供試体の上面仕上げ

供試体の上面を次のいずれかの方法により仕上げる．

<u>**1) 型枠を取り外す前にキャッピングを行う場合**</u>　　コンクリートの打込み後，硬練りコンクリートでは 2〜6 時間以上，軟練りコンクリートでは 6〜24 時間以上経過してから，供試体の上面を水で洗ってレイタンスを取り去り，十分に吸水させてから，水を拭き取る．そして，以上の処理をした供試体上面に水セメント比 27〜30％のセメントペーストを置き，押し板（厚さ 6 mm 以上の磨き板ガラス）で型枠の頂面まで一様に押し付ける．

<u>**2) 型枠を取り外した状態でキャッピングを行う場合**</u>　　供試体の軸とキャッピング面ができるだけ垂直になるような適切な装置を使用し，硫黄と鉱物質粉末（フライアッシュなど）の混合物などによりキャッピングする．

<u>**3) 研磨による場合**</u>　　写真 8.2 に示すような装置を用いて研磨する．

<u>**4) アンボンドキャッピングによる場合**</u>　　硬化後の最も高いところと最も低い所の差が 2 mm 以内になるように仕上げる．

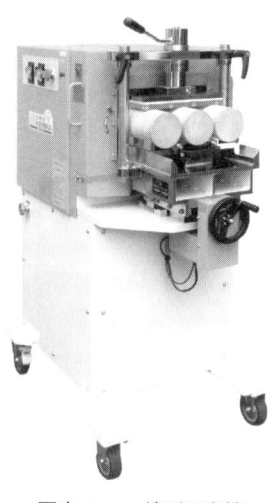

写真 8.2　端面研磨機　　　　　　写真 8.3　圧縮試験機

(3) 試験方法

(a) 供試体

供試体の乾燥状態や温度によってコンクリートの強度が変化する場合もあるので，上記により作製した供試体を，所定の養生が終わった直後の状態で試験に用いる．

(b) 装置

圧縮試験機（写真 8.3 参照）．

(c) 試験方法

1) 供試体寸法の測定　　供試体の直径 (d) および高さ (h) をそれぞれ 0.1 mm および 1 mm まで測定する．その際，直径は，供試体高さの中央で，互いに直交する 2 方向について測定する．

2) 載荷準備　　供試体の上下端面および圧縮試験機の上下の加圧板の圧縮面を清掃し，供試体を加圧板の中心に置く（加圧板と供試体の端面の間にクッション材を入れてはならない）．アンボンドキャッピングによる場合は，図 8.1 に示すような，内面にゴムパッドを挿入した鋼製キャップを供試体の上面にかぶせる．

3) 載荷　　圧縮応力の増加が毎秒 0.6 ± 0.4 N/mm^2（ϕ10 cm の供試体の場合，荷重の増加が毎秒 4.7 ± 3.1 kN）となるような，一様な速度で荷重を加える．そして，供試体が破壊するまでに圧縮試験機が示す最大荷重 (P) を有効数字 3 桁まで読み取る．

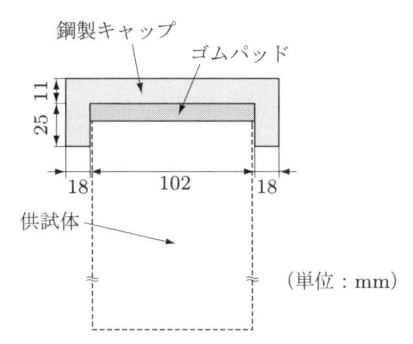

図 8.1 アンボンドキャッピング用の鋼製キャップ
（$\phi 10$ cm の供試体の場合）

（4） 結果の整理方法

圧縮強度は次式によって算出し，有効数字 3 桁に丸める．

$$f_c = \frac{P}{\pi \times \left(\dfrac{d}{2}\right)^2} \tag{8.1}$$

ここに，f_c：圧縮強度 [N/mm^2]，P：最大荷重 [N]，d：供試体の直径 [mm]．

（5） 参考資料

コンクリートの圧縮強度に影響する要因は，セメント，骨材などの使用材料の性質や，調合および練混ぜ，打込み，養生などの施工方法のように，そのコンクリートが本来持ち合わせている強度に直接関連する要因と，コンクリート固有の強度には関係のない，試験方法に関連する要因とに大別できる．ここでは，主として，後者の要因がコンクリート強度に及ぼす影響について簡単に述べる．

（a） 供試体寸法の影響

供試体寸法は，コンクリートの圧縮強度に大きな影響を及ぼす．そのため，供試体寸法は各国の規格でそれぞれ規定されており，わが国では，前述のように，$\phi 15 \times 30$ cm または $\phi 10 \times 20$ cm の円柱供試体を，アメリカでは $\phi 6 \times 12$ in（約 15×30 cm）の円柱供試体を，また，ヨーロッパの多くの国では主として 6 in（約 15 cm）立方供試体を，それぞれ標準供試体として用いている．なお，コンクリートの強度は，円柱供試体を使用した場合は円柱供試体強度，立方供試体を使用した場合は立方供試体強度と呼ばれて区別されている．

また，供試体の形状が相似であれば，一般に，寸法が小さいほどコンクリートの強度は高くなる（図 8.2 参照）．ただし，図 8.3 および表 8.2 に示すように，供試体寸法が $\phi 15 \times 30$ cm と $\phi 10 \times 20$ cm 程度の相違であれば強度の差はほとんどみられない．

（a）円柱供試体（米国開拓局による）

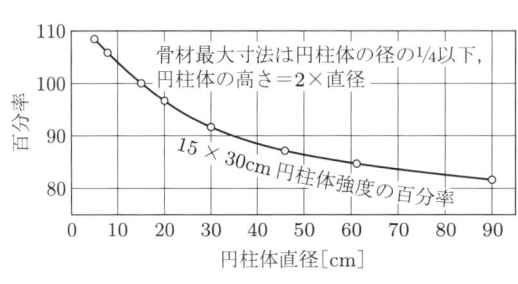

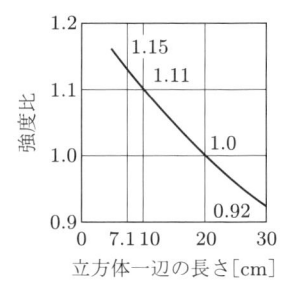

（b）立方供試体
（コンクリートハンドブックによる）

図 8.2 コンクリートの圧縮強度と供試体寸法の関係

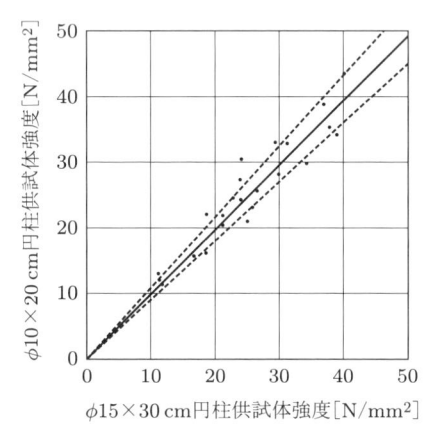

図 8.3 $\phi 15 \times 30$ cm 円柱供試体強度と $\phi 10 \times 20$ cm 円柱供試体強度の関係（笠井による）

表 8.2 供試体の形状・寸法と圧縮強度の関係（コンクリート便覧による）

供試体の形状	供試体の寸法 [cm]	$\phi 15 \times 30$ cm の円柱供試体強度との比	$\phi 15 \times 30$ cm の円柱供試体強度への換算値
円柱体	$\phi 10 \times 20$	1.03	0.97
	$\phi 15 \times 30$	1.00	1.00
	$\phi 25 \times 50$	0.95	1.05
立方体	10	1.33	0.75
	15	1.25	0.80
	20	1.20	0.83
	30	1.11	0.90
直方体	$15 \times 15 \times 45$	0.95	1.05
	$20 \times 20 \times 60$	0.95	1.05

(b) 供試体形状の影響

供試体の形状も，供試体寸法と同様に，コンクリートの圧縮強度に大きな影響を及ぼす．とくに，供試体の高さと直径または一辺の長さとの比が異なると，図 8.4 および表 8.2 に示すように，コンクリートの強度は大きく相違する．円柱供試体の場合は，高さが直径の 2 倍以上になると強度の変化は小さいが，2 倍以下の場合には，高さと直径の比が小さいほど強度は高くなる．一方，円柱供試体と角柱供試体の強度を比較すると，高さと直径または幅の比が 2.0 の場合は，角柱供試体の方がやや低い強度を示す．

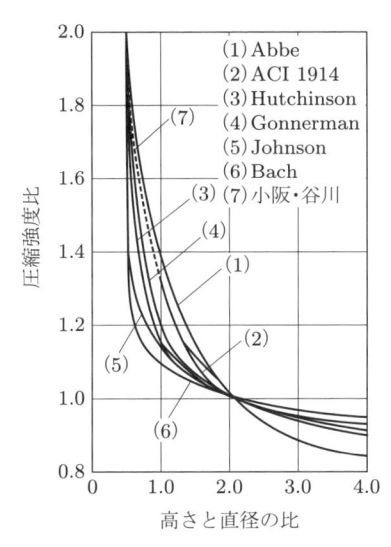

図 8.4 圧縮強度比と円柱供試体の高さと直径の比の関係

(c) 供試体載荷面の摩擦の影響

コンクリートの通常の圧縮強度試験では，加圧板と供試体端面間の摩擦により供試体端面の水平方向の変形が拘束され，供試体は図 8.5 (b) の破線で示すように変形する．その結果，供試体の圧縮応力分布は，加圧端面近傍で不均等となるため，供試体は写真 8.4 のようなパターンで破壊し，強度は，図 8.5 (a) に示すような，端面摩擦のない均等な圧縮応力分布のもとで加圧したときよりも増大する．圧縮強度試験では，本来，均等な圧縮応力分布が得られるように載荷すべきであり，その場合には，図 8.6 に示すように，端面摩擦による供試体内部の応力分布に起因するような供試体の強度の相違はあまりみられなくなる．

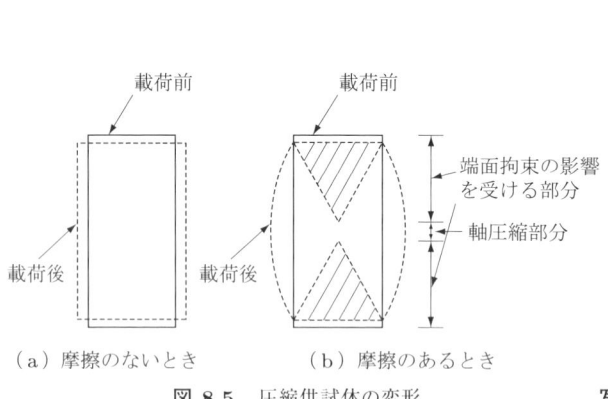

図 8.5 圧縮供試体の変形
（a）摩擦のないとき　（b）摩擦のあるとき

写真 8.4 コンクリート供試体の破壊状況

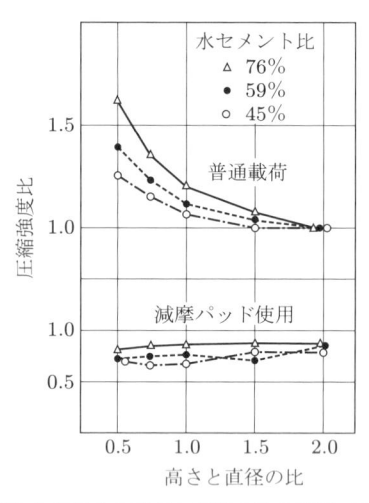

図 8.6 圧縮強度比と供試体の高さと直径の比の関係（小阪・谷川による）

（d） 供試体載荷面の凹凸の影響

供試体の載荷面の凹凸もコンクリートの強度に大きな影響を及ぼし，載荷面が平滑でない供試体では，偏心荷重や集中荷重が作用して，実際よりも低い強度を示す．Gonnerman の実験によれば，供試体の載荷面が 1.25 mm (0.05 in) 凹のときはコンクリートの強度が最大5％ほど低下し，同じく 1.25 mm 凸のときはコンクリートの強度が30％ほど低下する．

（e） 載荷速度の影響

図 8.7 に示すように，コンクリートの圧縮強度は一般に載荷速度が速いほど高くなる．ただし，載荷初期の載荷速度は，コンクリートの強度にそれほど影響を及ぼさない．すなわち，載荷初期（最大荷重の 1/2 以下の範囲）に急速に載荷しても，その後載荷速度を遅くすれば，コンクリートの強度変化はほとんどみられない．

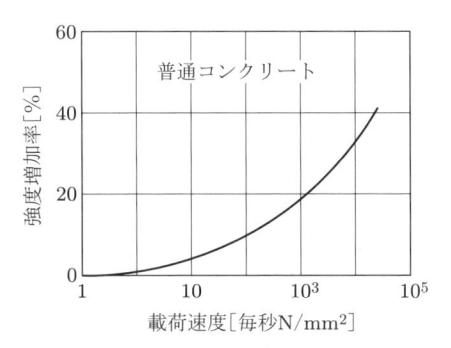

図 8.7 圧縮強度と載荷速度の関係（McHenry・Shideler による）

（f） その他の要因の影響

セメントペーストによる供試体のキャッピングの厚さは 2～3 mm 程度が最適であり，あまり厚くなるとコンクリートの強度低下を招く場合がある．また，試験時の供試体温度が高いほどコンクリートの強度は低くなるため，標準試験の場合は，供試体の温度を 20°C 前後に保つように心掛けなければならない．さらに，コンクリートの打込み方向に直角に載荷した場合の圧縮強度は，打込み方向と平行に載荷した場合の強度よりも一般にやや低い値を示す．

8.3 引張強度試験

コンクリートの引張強度を求める方法には，直接引張試験と割裂引張試験とがある．これらのうち，割裂引張試験は，直接引張試験のように特別な治具や装置を必要とせず，簡単に引張強度を測定できるため，わが国でも JIS に標準引張試験方法として規定されている．

（1） 試験目的

コンクリートの引張強度は，圧縮強度に比べてきわめて低いため，RC 構造物の曲げに対する設計では通常無視されているが，乾燥や温度変化による収縮ひび割れの発生を予知するうえで重要である．

(2) 供試体の作り方

(a) 供試体の寸法

供試体は，直径が粗骨材の最大寸法の 4 倍以上かつ 15 cm 以上，長さが直径の 1 倍以上かつ 2 倍以下の円柱形とする．

(b) コンクリートの打込み

突き棒を用いる場合は，厚さ 7.5～10 cm のほぼ等しい層に分けてコンクリートを詰め，圧縮強度試験用供試体の場合と同様に各層を打ち込む．内部振動機を用いる場合も，圧縮強度試験用供試体の場合と同様にコンクリートを打ち込む（8.2 節 (2) (c) 参照）．

(3) 試験方法

(a) 供試体および試験装置

圧縮強度試験の場合と同様とする（8.2 節 (3) (a) および (b) 参照）．

(b) 試験方法

1) 供試体寸法の測定　供試体の荷重を加える方向における直径 (d) を 2 箇所以上で 0.1 mm まで測定し，その平均値を有効数字 4 桁に丸める．

2) 載荷準備　供試体の側面および圧縮試験機の上下の加圧板の圧縮面を清掃し，図 8.8 に示すように，加圧板中心線の上に供試体を据える．

3) 載荷　引張応力の増加が毎秒 0.06 ± 0.04 N/mm^2（$\phi 15 \times 20$ cm の供試体の場合，荷重の増加が毎秒 2.8 ± 1.9 kN）となるような，一様な速度で荷重を加える．そして，供試体が破壊するまでに圧縮試験機が示す最大荷重 (P) を有効数字 3 桁まで読み取る．また，供試体の割れた面における長さ (l) を 2 箇所以上で 0.1 mm まで測定し，その平均値を有効数字 4 桁に丸める．

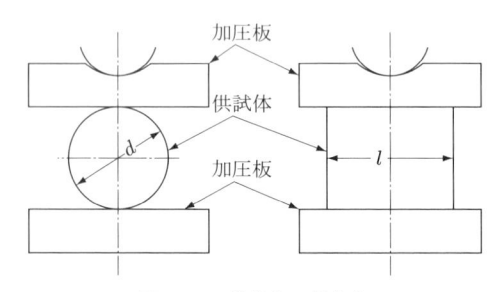

図 8.8　供試体の据え方

(4) 結果の整理方法

引張強度は次式によって算出し，有効数字3桁に丸める．

$$f_t = \frac{2 \times P}{\pi \times d \times l} \tag{8.2}$$

ここに，f_t：引張強度 [N/mm²]，P：最大荷重 [N]，d：供試体の直径 [mm]，
l：供試体の長さ [mm].

(5) 参考資料
(a) コンクリートの引張強度に対する試験条件の影響

コンクリートの引張強度に対しても，圧縮強度の場合と同様に，試験方法に関連するさまざまな要因が影響を及ぼす．したがって，試験を行う際には，次のような点に注意しなければならない．

1) 供試体側面の凹凸の影響　供試体側面に凹凸があると凸部から局部破壊が生じるため，引張強度がかなり低下する．

2) 載荷方法の影響　供試体に偏心荷重が加わると引張強度が低下する．とくに，長さ方向の偏心による強度低下が著しいので，載荷にあたっては十分に注意する必要がある．

3) 載荷速度の影響　図 8.9 に示すように，載荷速度が速くなるほど，引張強度は高くなり，強度のばらつきも大きくなる．

4) 供試体の乾燥の影響　供試体が乾燥すると，供試体表面の乾燥収縮の影響により引張強度が低下する．

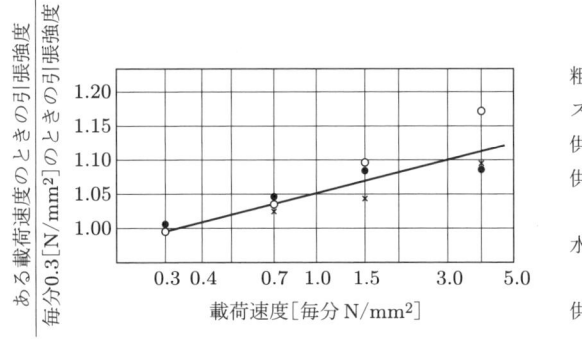

図 8.9　引張強度と載荷速度の関係（コンクリート便覧による）

（b） コンクリートの引張強度と圧縮強度の関係

コンクリートの引張強度は圧縮強度に比べてかなり低い．引張強度と圧縮強度の比は，図 8.10 に示すように，普通コンクリートでは 1/9～1/13 の範囲内にあることが経験的にわかっている．

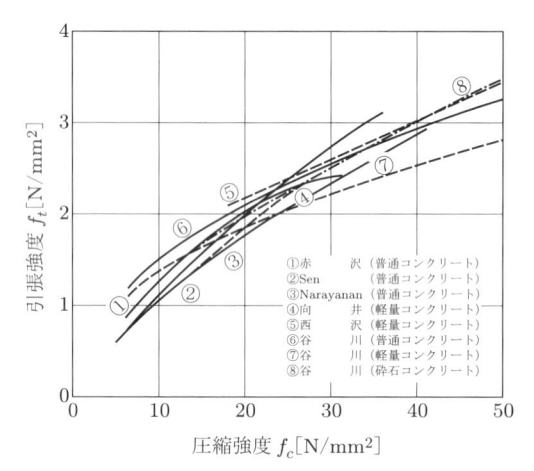

図 8.10 引張強度と圧縮強度の関係（谷川による）

8.4 静弾性係数試験

（1） 試験目的

弾性係数は，ヤング係数とも呼ばれる値であり，物体の弾性変形のしにくさを表し，コンクリート部材のたわみの計算などに用いられる．また，コンクリートに対しては数種類の弾性係数が定義されているが（8.4 節 (4) (a) 参照），以下に示す JIS のコンクリートの静弾性係数試験方法には，それらのうちで最も一般的な割線弾性係数を測定する方法が示されている．

（2） 供試体の作り方

圧縮強度試験用供試体と同様とする（8.2 節 (2) 参照）．

（3） 試験方法
（a） 供試体

圧縮強度試験の場合と同様とする（8.2 節 (3) (a) 参照）．ただし，ひずみゲージを貼り付けるために，供試体の表面を自然乾燥させてもよい．

（b） 装置
ⅰ) 圧縮試験機：圧縮強度試験の場合と同様（8.2 節 (3) (b) 参照）．
ⅱ) ひずみ測定器：供試体の縦ひずみを 10×10^{-6} 以下の精度で測定できて，検長が，コンクリートに用いた粗骨材の最大寸法の 3 倍以上，かつ，供試体の高さの 1/2 以下のもの（一例として，コンプレッソメータを写真 8.5 に示す）．

写真 8.5 コンプレッソメータ

（c） 試験方法
1) ひずみ測定器の取付け　供試体の相対する 2 面の高さ 1/2 の位置を中心として，ひずみ測定器を供試体の軸に平行に取り付ける．

2) 載荷準備　圧縮試験機の加圧板の中心に供試体を置く．

3) 載荷　圧縮応力の増加が毎秒 0.6 ± 0.4 N/mm^2（$\phi 10$ cm の供試体の場合，荷重の増加が毎秒 4.7 ± 3.1 kN）となるような一様な速度で荷重を加え，供試体の縦ひずみを最大荷重の 1/2 程度まで測定する．その際，縦ひずみの測定間隔は等間隔とし，少なくとも 10 点以上記録する．そして，その後も荷重を加え続け，供試体が破壊するまでに圧縮試験機が示す最大荷重を有効数字 3 桁まで読み取る．

（d） 結果の整理方法
上記の結果から供試体ごとに応力-ひずみ曲線を作成する．静弾性係数は次式によって算出し，有効数字 3 桁に丸める．

$$E_c = \frac{\sigma_1 - \sigma_2}{\varepsilon_1 - \varepsilon_2} \times 10^{-3} \tag{8.3}$$

ここに，E_c：静弾性係数 [kN/mm^2]，σ_1：最大荷重の 1/3 に相当する応力 [N/mm^2]，
σ_2：供試体の縦ひずみが 50×10^{-6} のときの応力 [N/mm^2]，
ε_1：応力 σ_1 によって生じる供試体の縦ひずみ，ε_2：50×10^{-6}．

（4） 参考資料

（a） 弾性係数の定義

コンクリートの場合，その応力–ひずみ曲線が非線形性を示すため，載荷初期の線形に近い領域を弾性域と見なして弾性係数を定めることになる．このことから，コンクリートの弾性係数は一義的には定まらず，目的に応じて図 8.11 に示すような種々の弾性係数が定義される．これらのうち，構造計算では，通常，圧縮強度の 1/3〜1/4 の応力点と原点または原点近傍の点とを結ぶ直線の勾配である割線弾性係数が用いられる．

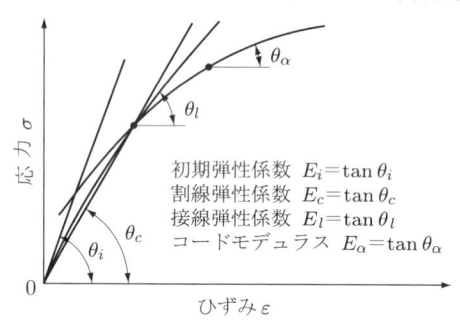

初期弾性係数 $E_i = \tan\theta_i$
割線弾性係数 $E_c = \tan\theta_c$
接線弾性係数 $E_l = \tan\theta_l$
コードモデュラス $E_\alpha = \tan\theta_\alpha$

図 8.11 弾性係数の定義

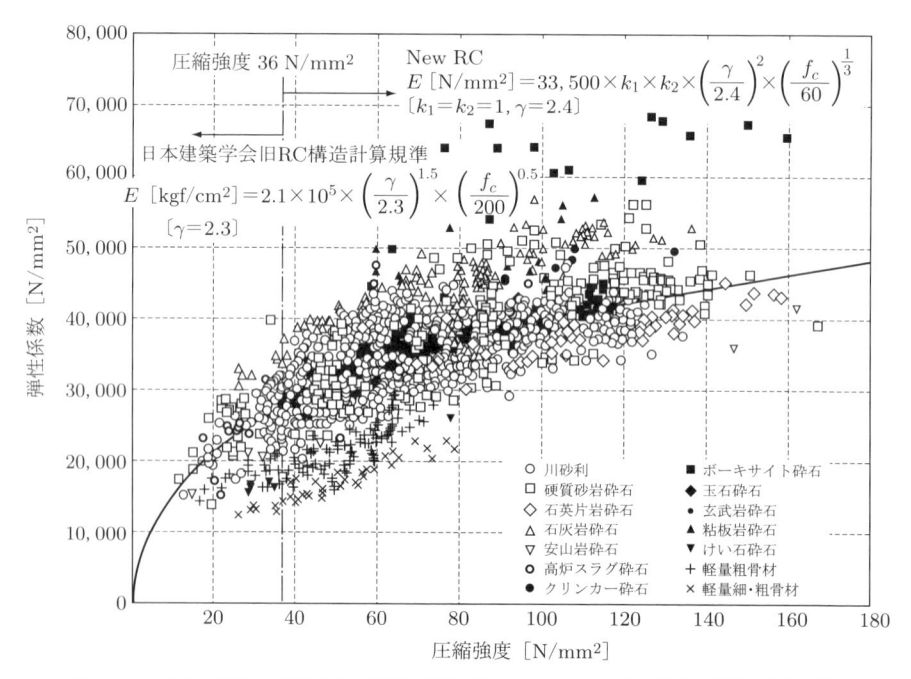

New RC
$$E\,[\text{N/mm}^2] = 33{,}500 \times k_1 \times k_2 \times \left(\frac{\gamma}{2.4}\right)^2 \times \left(\frac{f_c}{60}\right)^{\frac{1}{3}}$$
$[k_1 = k_2 = 1, \gamma = 2.4]$

日本建築学会旧 RC 構造計算規準
$$E\,[\text{kgf/cm}^2] = 2.1 \times 10^5 \times \left(\frac{\gamma}{2.3}\right)^{1.5} \times \left(\frac{f_c}{200}\right)^{0.5}$$
$[\gamma = 2.3]$

圧縮強度 36 N/mm²

凡例：
- ○ 川砂利
- □ 硬質砂岩砕石
- ◇ 石英片岩砕石
- △ 石灰岩砕石
- ▲ 安山岩砕石
- ◎ 高炉スラグ砕石
- ● クリンカー砕石
- ■ ボーキサイト砕石
- ◆ 玉石砕石
- ・ 玄武岩砕石
- ▼ 粘板岩砕石
- ▽ けい石砕石
- ＋ 軽量粗骨材
- × 軽量細・粗骨材

図 8.12 弾性係数と圧縮強度の関係（高強度コンクリート施工指針（案）・同解説）

(b) コンクリートの弾性係数と圧縮強度の関係

コンクリートの弾性係数は，図 8.12 に示すように，圧縮強度と密接に関係することが経験的にわかっている．なお，図中に示された 2 つの式は，コンクリートの弾性係数の値を，試験を実施しないで計算で設定する場合に使用される．

▶ 演習問題

1. コンクリートの圧縮強度に影響を及ぼす要因には，調合・施工方法などに関連するものと試験方法に関連するものとがある．具体的にどのようなものがあるかをそれぞれ説明せよ．
2. コンクリートの圧縮強度試験を行う際に，加圧面と供試体端面との間の摩擦を除去した場合の強度性質の違いについて考察せよ．
3. 供試体の寸法および形状がコンクリートの圧縮強度に及ぼす影響について考察せよ．
4. JIS の規定に従って $\phi 15 \times 30$ cm の円柱供試体の圧縮強度試験と引張強度試験を行ったところ，最大荷重がそれぞれ 385 kN と 154 kN であった．この供試体の圧縮強度と引張強度の比を求めよ．
5. JIS の規定に従って $\phi 10 \times 20$ cm の円柱供試体の静弾性係数試験を行ったところ，次のような荷重と縦ひずみの関係を得た (図 8.13)．このコンクリートの弾性係数を求めよ．

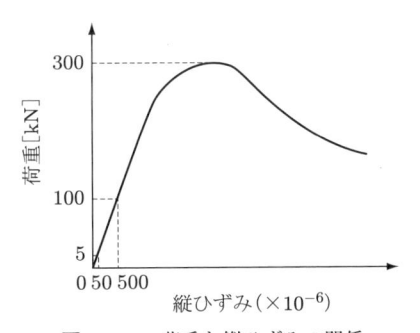

図 8.13 荷重と縦ひずみの関係

9 硬化コンクリートの非破壊試験方法

　非破壊検査は，対象に大きな損傷を与えずに内部の状態を推定するものであり，施工管理から中長期的な維持管理に至る各段階において，重要な役割を担っている．この検査の手段となっているのが非破壊試験（NDT：non-destructive test）である．中でも対象を一切破壊しないものが狭義の非破壊試験，わずかの破壊によるものが微破壊試験である．なお，対象は非破壊の試験方法であっても，接触式の試験や非接触式の試験でも場合によっては仕上材等を取り除く必要がある．

　硬化コンクリートを対象とした非破壊試験方法は，強度や弾性係数といった物性を推定しようとするものと，内部の欠陥や鉄筋などの異質な物の有無や位置を探査するものに分けられる．主な非破壊試験方法を表9.1に示す．本章では，強度推定手法として反発度法，超音波速度法とその組合せ法について，また内部探査手法として電磁波レーダ法について，各試験方法とその原理，推定手法を説明する．

表 9.1　コンクリートの代表的な非破壊試験法

対象	測定方法	直接測定する項目	備　考
物性推定（強度，弾性係数など）	反発度法（JIS A 1155）	表面の打撃に対する反発度	推定精度は高くないが，組合せ法で精度向上
	超音波速度法	超音波伝播速度（音速）	
	共振法（JIS A 1127）	振動による1次共鳴振動数	供試体の試験
	小径コア法	小径コア供試体の圧縮強度	微破壊試験
内部探査（鉄筋，欠陥，ひび割れなど）	弾性波法	弾性波の伝播速度や波形	欠陥において反射
	電磁誘導法	誘導電流	鉄筋探査
	電磁波レーダ法	反射波の到達時間	連続測定で鉄筋などを疑似画像化
	放射線透過法	透過放射線（X線，中性子線）	透過画像で可視化
	赤外線サーモグラフィ法	表面温度（放射赤外線）	欠陥による熱伝導異常の検知
	打音法	表面の打撃による反射音	内部空洞による反響音の検知

9.1 反発度法

（1） 試験目的
コンクリート表面の反発度を測定し，コンクリートの圧縮強度を推定する．また，これを圧縮強度試験による値と比較する．

（2） 試験方法

（a） 測定装置（N型リバウンドハンマー）
写真 9.1 に N 型リバウンドハンマーを示す．図 9.1 は，プランジャー（打撃棒）をケースに格納した状態での機構図であるが，プランジャーに少し力を加えて押し込むと，ハンマーがハドメにクランプされてプランジャーはケースから突出する．測定の際は，プランジャーをコンクリート表面に垂直に当てて，徐々に力を加えながら押しつける．プランジャーがケース内の所定の位置まで押し込まれると，ハンマーはインパクトスプリングの作用によってコンクリート表面を打撃し，一定位置まではね返る．その状態でプッシュボタンを押すと，ハンマーはロックされる．はね返りの距離を指針と目盛板によって読み取って，反発度とする．

①コンクリート表面
②プランジャー
③インパクトスプリング
④ハンマー
⑤ケース
⑥スケール
⑦指針
⑧ハンマーガイドバー
⑨プッシュボタン
⑩ハドメ
⑪圧縮スプリング

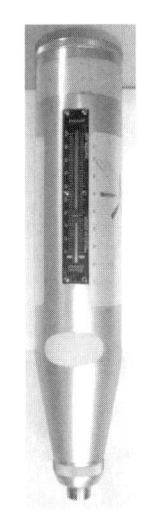

写真 9.1 N 型リバウンドハンマー

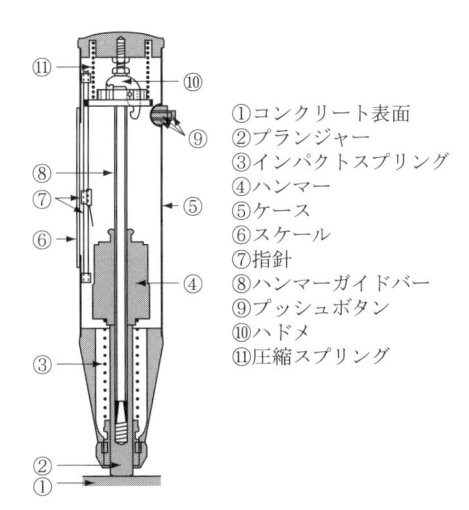

図 9.1 N 型リバウンドハンマーの内部機構

（b）供試体

本来，リバウンドハンマーは実構造物の強度を推定するための装置である．そのため，材料試験のための供試体の寸法は定められておらず，150 × 150 × 530 mm 角柱供試体などが用いられるが，横向きの打撃では，供試体の軸方向に 0.8～2.5 N/mm^2 程度で一定の圧縮応力を加えて，供試体を拘束する必要がある．また，コンクリート打込み面は表面性状が異なるので，測定を行わないようにする．

（c）測定方法

反発度の測定方法は，JIS A 1155「コンクリートの反発度の測定方法」に規定されており，適用できる環境温度は 0～40°C である．

ⅰ）数回の試し打ちによって作動を円滑にしたあと，測定面に常に垂直になるようにハンマーを保持しながらゆっくりと押して打撃を起こさせる．

ⅱ）互いに 25～50 mm の間隔をもった 9 点の反発度を読み取り，その算術平均を有効数字 2 桁に丸めて反発度の実測値 R とする．なお，打撃時の反響やくぼみ具合などから判断して異常が認められる値や平均値の 20% 以上の誤差となる値があれば，それらを捨て，新たな点での反発度を測定し補う．

（3）計算方法

測定反発度 (R) に測定条件による補正値 (ΔR) を加え基準反発度 (R_0) とする．

ⅰ）打撃角度による補正を，図 9.2 により行う．

ⅱ）打撃方向と直角方向の圧縮応力による補正を，図 9.3 により行う．

ⅲ）水中養生を持続したコンクリートを乾かさずに測定した場合は，$\Delta R = +5$ とする．次に，日本材料学会（JSMS）または日本建築学会（AIJ）による以下の式を用

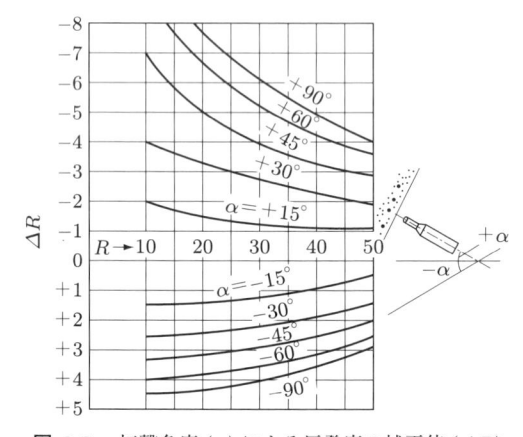

図 9.2 打撃角度 (α) による反発度の補正値 (ΔR)

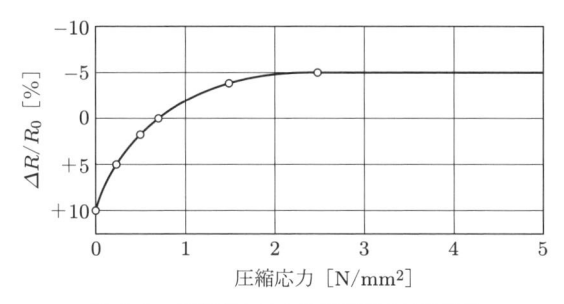

図 9.3 圧縮応力による反発度の補正係数

いて，基準反発度 (R_0) からコンクリートの圧縮強度 (F_c) [N/mm^2] を推定する．

$$F_c = 1.3R_0 - 18.4 \quad \text{(JSMS 式)} \tag{9.1}$$

$$F_c = 0.72R_0 + 10 \quad \text{(AIJ 式)} \tag{9.2}$$

（4） 参考資料

圧縮強度 (F_c) と反発度 (R_0) の関係は実験式であり，実際にはさまざまな要因の影響が大きい．そこで使用材料や強度範囲等による実験式をあらかじめ求めておくこと

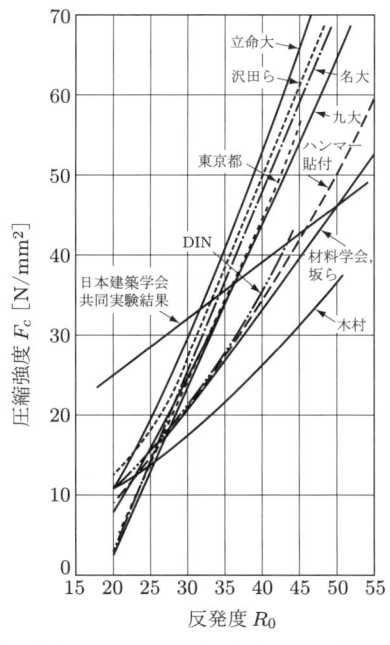

図 9.4 各研究者による圧縮強度（F_c）と反発度（R_0）の関係

が望ましい．各研究者・機関による結果の一例を図9.4に示す．

なお，材齢の影響を補正するには，表9.2に示す補正係数 α を強度に乗じて補正する．また，次に述べる超音波速度法を併用する場合は，後述の組合せ法で推定することが望ましい．

表 9.2　材齢による反発度の補正係数（α）

材齢（日）	10	20	28	50	100	150	200	300	500	1,000	3,000
α	1.55	1.15	1.00	0.87	0.78	0.74	0.72	0.70	0.67	0.65	0.63

9.2　超音波速度法

（1）試験目的
コンクリート中の超音波の伝播速度を計測し，圧縮強度を推定する．また，これを圧縮強度試験による値と比較する．

（2）試験方法
（a）測定機器
超音波伝播速度測定装置の一例を写真9.2に示す．発振子をグリスなどでコンクリート面に密着させて超音波パルスを供試体に発射し，これを相対する面に密着させた受振子によって受振する．伝播時間を測定し，伝播距離を伝播時間で除してコンクリート中の伝播速度を求める．この伝播速度は，単に音速とも呼ばれる．

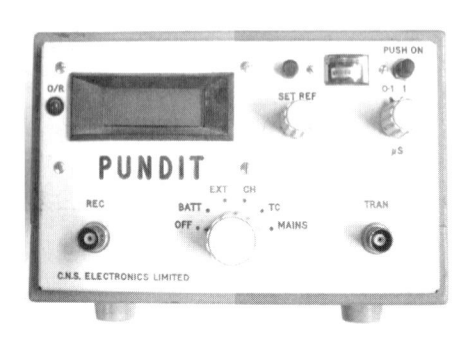

写真 9.2　超音波伝播速度測定装置

（b）供試体
供試体は指定されていないが，測定位置は平滑面とする必要がある．

（ c ） 測定方法

ⅰ) 装置付属の校正用基準バーを用いて装置の校正を行う．
ⅱ) 図 9.5 に示すように，相対する面にグリスなどで受振子と発振子を密着させ，伝播時間を記録する．

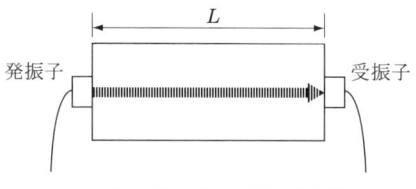

図 9.5 発振子・受振子の配置

（ 3 ） 計算方法

ⅰ) 測定された伝播時間 (t) を用いて縦波の伝播速度 (V_p) を求める．

$$V_p = \frac{L}{t} \tag{9.3}$$

ここに，V_p：超音波伝播速度 [km/s], L：伝播距離 [mm], t：伝播時間 [μs]

ⅱ) 伝播速度 (V_p) [km/s] から次式などを用いてコンクリートの圧縮強度 (F_c) [N/mm^2] を推定する．

$$F_c = 50V_p - 185 \quad （谷川式） \tag{9.4}$$

$$F_c = 21.5V_p - 62 \quad （AIJ 式） \tag{9.5}$$

（ 4 ） 参考資料

超音波速度法においても圧縮強度と超音波伝播速度の関係は実験式の域を出ず，研究者によって関係式は異なる．図 9.6 にその一例を示す．図のように，相関係数は高いとはいえないため，反発度法と併用する場合は，次の組合せ法による推定式を用いることが望ましい．図 9.7 に組合せ法による強度推定結果の一例を示す．

$$F_c = 1.02R_0 + 22.3V_p - 96 \quad （谷川式） \tag{9.6}$$

$$F_c = 0.82R_0 + 26.9V_p - 109 \quad （AIJ 式） \tag{9.7}$$

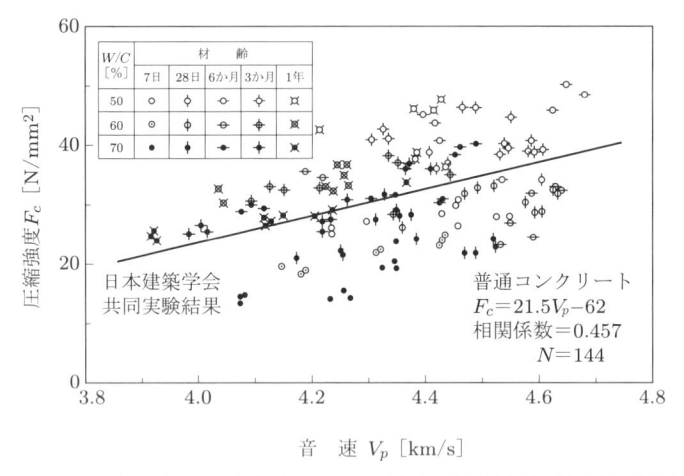

図 9.6 圧縮強度 (F_c) と音速 (V_p) の関係（日本建築学会共同実験結果）

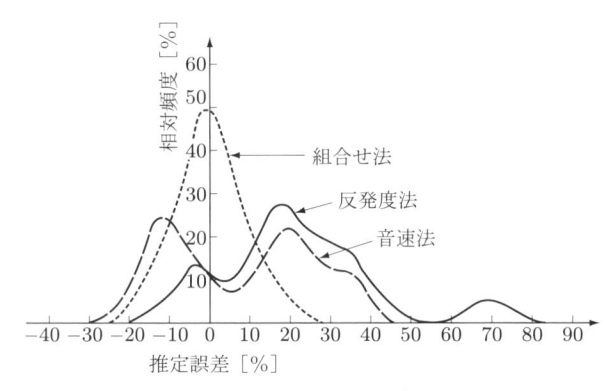

図 9.7 各種非破壊試験法による推定強度のばらつき

9.3 電磁波レーダ法

（1） 試験目的
コンクリート内部の電磁波の反射時間を測定し，内部の鉄筋や空洞などを探査する．

（2） 試験方法

（a） 測定機器
電磁波レーダの測定原理を図 9.8 に示す．送受信アンテナが一体となって走査面を移動する．写真 9.3 に電磁波レーダ装置と測定状況を示す．

図 9.8 電磁波レーダの測定原理

写真 9.3 電磁波レーダ装置と測定状況

（b） **供試体**

供試体は実構造物か，適当な位置に空洞や鉄筋を配したモデル供試体を用いる．

（c） **測定方法**

写真 9.3 のように，装置を走査面に設置し走査方向に移動させる．決まった間隔で電磁波が送信され反射波を受信する．反射波が連続的に自記記録される場合，図 9.9 のように擬似的な内部画像が得られる．ただし，送信電磁波の指向性の関係で直上でなくても反射波を拾うため，画像上で対象物はある程度の幅をもった眉形に現れる．対象物が重ならない場合，この眉形の頂点の位置が対象物との界面の位置となる．ただし，埋設深さはコンクリート中の電磁波伝播速度を用いて算出しなければならない．

（3） **計算方法**

媒質中の電磁波は直進するが，図 9.8 のように空洞や鉄筋など比誘電率の異なる境界面では反射が生じる．深さ (Z) は，電磁波伝播速度 (V) と送信されてから対象物で反射して受信アンテナで受信するまでの時間 (T) により次式で表せる．

$$Z = \frac{VT}{2} \tag{9.8}$$

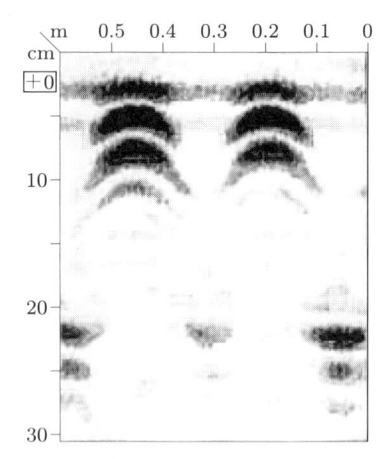

図 9.9 電磁波レーダによる出力画像の一例

なお，コンクリート中の電磁波伝播速度 (V) は，コンクリートの比誘電率 (ε_r) により次式で近似される．

$$V = \frac{c}{\sqrt{\varepsilon_r}} \tag{9.9}$$

(4) **参考資料**

電磁波の性質は周波数（波長）の影響を受ける．周波数が高くなるほど波長は短くなり，分解能は向上するが，減衰が大きくなって反射波が取得しにくくなる．電磁波レーダではこれらのバランスを考慮して周波数が選択され，RC 用では通常は 0.5〜1.0 GHz 程度である．

演習問題

1. 非破壊試験の種類を挙げ，目的別に物性推定用と内部探査用に分類せよ．
2. ある箇所でリバウンドハンマーによる測定を行ったところ，次のような結果を得た．最初のデータから順に処理をし，最小限のデータ数によって，反発度 R を求めよ．ただし，測定前後のリバウンドハンマーの点検結果に問題はなく，反響やくぼみなどによって異常と判断される値も含まれていない．

    31, 33, 28, 23, 35, 32, 36, 40, 34, 38, 26, 27, 37, 32
3. コンクリート中の超音波伝播速度は，一般に粗骨材量が多いほど大きくなる．その理由について考察せよ．

4. 反発度法は表面の性質から，超音波速度法は伝播経路の平均的性質から，強度を推定する手法といえる．両者の組合せ法により一般に強度推定精度が向上する理由について考察せよ．

5. RC 部材に対して電磁波レーダ法を適用した場合に，探査可能な材質の条件を示せ．

10 鉄筋コンクリート梁の曲げ・せん断実験方法

　鉄筋コンクリート梁（以下，RC 梁と略記）は，一般に曲げモーメント，せん断力，ねじりモーメントなどの外力を受けるが，ねじりが問題になる梁部材は比較的少ないため，RC 梁の実験としてはもっぱら曲げ実験および曲げ・せん断実験が行われている．本章では，大学・高専における構造材料実験として実施できる程度の比較的小型の RC 梁の実験方法について説明する．

10.1 実験目的

　本章における実験目的は，RC 梁の製作過程と載荷実験過程における体験を積むこと，ならびに講義で学習した RC 理論と実験結果とを比較検討し，RC 梁の力学性状についての理解を深めることにある．

10.2 実験計画

（1） 実験要因
（a） 概　要

　大学・高専の構造材料実験として行うには，単純梁による載荷方法が比較的簡単であり，また装置と試験体が自作できるため，ここでは，3 等分点 2 点集中載荷方法を採用し，5 体の RC 梁の曲げせん断実験を計画する．図 10.1 に載荷方法を示す．

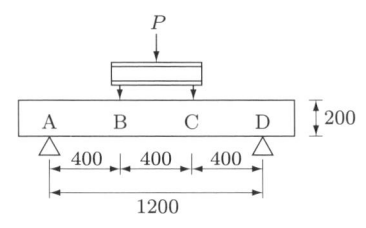

図 10.1　載荷方法（単位：mm）

図 10.1 の BC 区間は，純曲げスパンといわれ，一定の曲げモーメントだけが作用し，せん断力が作用しないスパンである．また AB および CD 区間は，せん断スパンといわれ，曲げモーメントとせん断力が同時に作用するスパンである．

（b） 実験要因の決定

この実験では，梁断面，主筋比，コンクリート強度などを一定とし，あばら筋比だけを 0 から約 0.57 ％の範囲で 5 段階に変えることにする．スパンは図 10.1 に示すように 1200 mm とし，5 体の試験体を用いて曲げ・せん断試験を行う．

あばら筋比 (p_w) は $p_w = a_w/bd$ [%] から求められる．梁の引張主筋としては 3 本の D13 筋を使用する．引張主筋比 (p_t) は 1.87 ％となり，この鉄筋量の梁ではまず鉄筋が降伏し，次いで終局時にコンクリートが圧壊する．圧縮主筋には 2 本の D10 筋を使用する．実験の概要を表 10.1 に示す．

[注] 当初の計画のとおり，あばら筋比 $p_w = 0$～0.30％の梁をせん断破壊させ，最もあばら筋量の多い $p_w = 0.57$％の梁を曲げ破壊させるためには，使用するコンクリートの強度と主筋の降伏点の組合せに下記のような制限があるので注意する必要がある．すなわち，降伏点が 340～400 N/mm^2 程度の引張主筋を使用する場合に，コンクリートの調合のミスなどで，コンクリート強度が 13～15 N/mm^2 程度の値になると，0.57 ％のあばら筋比の梁でも，せん断破壊することがある．逆に 34 N/mm^2 程度の高強度コンクリートの場合に降伏点の低い主筋を使用すると，あばら筋比の低い試験体，たとえば，$p_w = 0.30$ ％の試験体でも曲げ破壊を起こす．都合により試験体個数を減らす場合は，あばら筋比が 0.06％，0.30％の試験体の順で減らしていくとよい．

（2） 試験体の形状・寸法と配筋

あばら筋比とあばら筋の間隔は表 10.1 に示す値とするが，一般に使用されている鉄筋の直径についてはばらつきがあるため，使用する鉄筋の径を正確に測定したのちに，表 10.1 中の値を書きなおす．図 10.2 に試験体の断面，スパンおよび配筋を示す．

（3） 使用材料

主筋には，降伏点が 300～350 N/mm^2 程度の鉄筋を使用する．あばら筋に使用する $\phi 3$ の鉄線としては，市販のなまし直線（番線）を利用するとよい．これらの番線の降伏点は，200～300 N/mm^2 の範囲にあるものが多い．あばら筋に使用するもう一つの $\phi 6$ 筋にはいろいろな品種のものがあるが，なるべく降伏点が 300 N/mm^2 程度のものを使用する．

コンクリートの圧縮強度が試験時に 21～24 N/mm^2 程度となるように，コンクリートの調合を決定する (第 6 章参照)．所要コンクリート量は，梁および円柱供試体の体

表 10.1 実験の概要

試験体名	予測される破壊	梁全長 [mm]	試験スパン [mm]	主筋		主筋断面積	
				引張側	圧縮側	引張側 a_t [mm^2]	圧縮側 a_c [mm^2]
I	せん断破壊	1700	1200	3-D 13	2-D 10	381	142
II	せん断破壊	1700	1200	3-D 13	2-D 10	381	142
III	せん断破壊	1700	1200	3-D 13	2-D 10	381	142
IV	せん断破壊	1700	1200	3-D 13	2-D 10	381	142
V	曲げ破壊	1700	1200	3-D 13	2-D 10	381	142

試験体名	主筋比		せん断スパン比 a/d	あばら筋の種類	あばら筋断面積 a_w [mm^2]	あばら筋間隔 S [mm]	あばら筋比 p_w [%]
	引張主筋比 p_t [%]	圧縮主筋比 p_c [%]					
I	1.87	0.70	2.35	—	—	—	—
II	1.87	0.70	2.35	$\phi 3$	14.1	200	0.06
III	1.87	0.70	2.35	$\phi 6$	47.5	200	0.20
IV	1.87	0.70	2.35	$\phi 6$	47.5	130	0.30
V	1.87	0.70	2.35	$\phi 6$	47.5	70	0.57

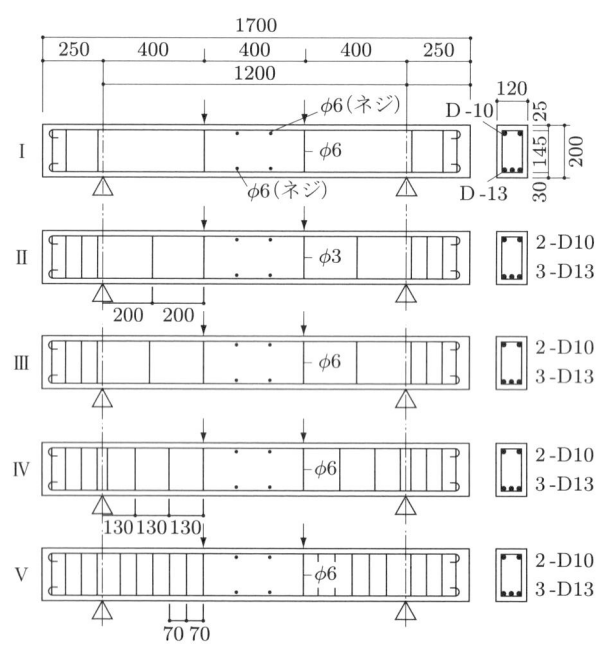

図 10.2 試験体の断面，スパンおよび配筋図（単位：mm）

積にコンクリートのスランプや空気量の測定に必要な量を加算した合計量を 10 % 程度割り増した量とする．

10.3 試験体の製作

（1） 型枠の製作

型枠の製作には，厚めの合板（厚さ 18 mm 程度）を使用する．型枠の一例を図 10.3 に示す．なお，合板にたる木を固定する場合には，釘を使用すると抜けやすいため，めっきした木ねじなどを使うと，緩みが少なく便利である．各部品が完成したら，型枠の内側に，はく離剤（マシンオイルでもよい）を塗布し，また型枠の側面と底板の突合せ面およびその他の突合せ面などには，水もれ防止のために，グリスを塗布する．

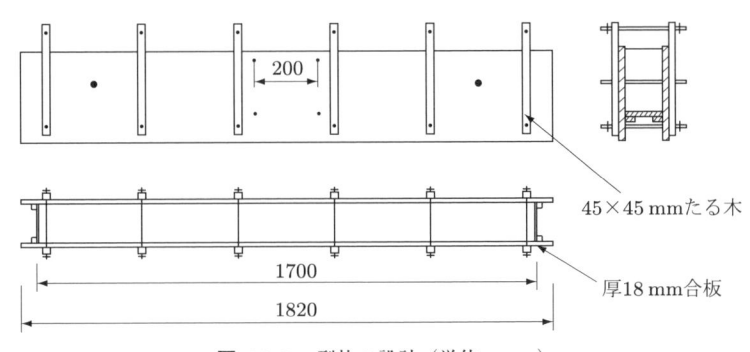

図 10.3 型枠の設計（単位：mm）

（2） 鉄筋の加工と組立て

（a） 鉄筋の加工

主筋とあばら筋の加工図を図 10.4 に示す．主筋用の鉄筋とあばら筋を切断する際，引張試験用の鉄筋を数本ずつ準備しておく．あばら筋の折曲げ器具の一例を図 10.5 に示す．この器具を使用すると，経験のない者でも精度よくあばら筋を加工することができる．

（b） 鉄筋の組立て

あばら筋と主筋との緊結には，結束線（焼なまし鉄線）を使用して，ハッカー，ペンチなどで結束する．結束線はねじり過ぎると切断しやすいので，注意が必要である．

型枠の準備後，結束した鉄筋を設計寸法どおりになるように型枠内へ注意深く配置する．とくに，引張主筋のかぶり厚さは，スペーサを用いたり，型枠側面や，型枠を

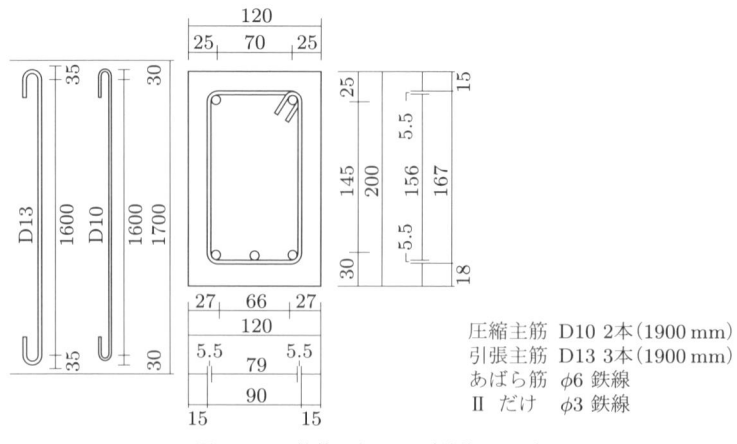

図 10.4 鉄筋の加工図（単位：mm）

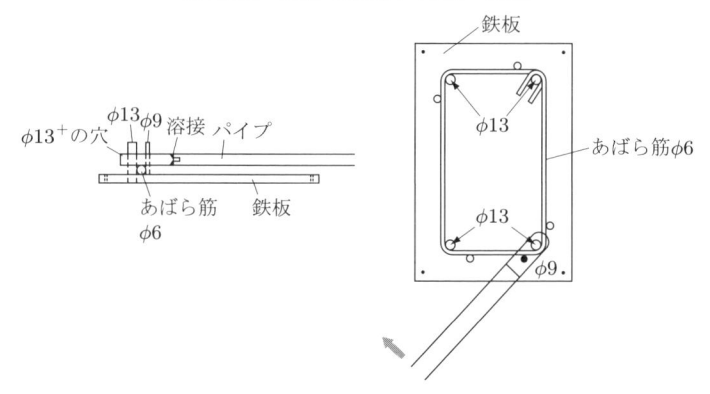

圧縮主筋 D10 2本（1900 mm）
引張主筋 D13 3本（1900 mm）
あばら筋 φ6 鉄線
Ⅱ だけ φ3 鉄線

図 10.5 あばら筋の折曲げ器具

締めつけるためのボルトから吊り下げるなどして，コンクリートの打込みに際しても所定の寸法が保持されるように，十分に注意する．

（3）コンクリートの打込み

梁型枠にコンクリートを打ち込む前に，円柱供試体用の型枠を 6 個以上用意し，またスランプ試験と空気量試験用の器具を準備する．打込みに際しては，バイブレータや突き棒を利用して，豆板などができないように十分に締め固める．

打込み終了後は，使用した道具類を清掃するとともに，こてで梁の上面をならし，平滑にする．打込みから 1〜3 時間 (コンクリートのスランプおよび温度によって異なる) 後，コンクリートが凝結し始める際に，こてで押えてコンクリートの表面を平滑にする．最後に試験体の番号を区別できるように名札をつけておく．

（4） 養　生

コンクリート打込み後は，シートなどでコンクリートの表面をおおい，水分の蒸発を防ぐとともに，必要に応じて散水する．型枠を脱型するには，最低1週間程度の養生期間をおくのが望ましい．脱型後は，番号を試験体に記載するとともに，当初の計画に従って，所定材齢まで養生を行う．円柱供試体も，脱型後は梁試験体と同じ条件で養生を行う．

▶ 10.4　使用材料の力学的性質に関する試験

梁試験体に使用する主筋とあばら筋の降伏点，引張強度，応力－ひずみ関係，ヤング係数，伸び率などを調べる．また，梁試験体のコンクリートの打込みと同時に製作し，同一条件で養生しておいた円柱供試体の強度試験を行い，コンクリートの圧縮強度，引張強度，およびヤング係数を求める．

▶ 10.5　RC梁の耐力と変形の計算

載荷実験を行う前に，RC理論に従って以下の各項目に関する計算値を求めておく．なお，各種耐力とたわみの計算方法は，10.9節に示してある．
　ⅰ) 曲げ耐力
　ⅱ) 曲げによる中央点の弾性たわみ
　ⅲ) せん断耐力

▶ 10.6　載荷準備

（1） 試験体の準備

所定材齢まで養生を行った試験体を作業ヤードへ運搬し，下記の順序に従って試験体の載荷のための準備を行う．
　ⅰ) 試験体の上下面に不整やねじれがあると，支点や荷重点に線荷重を均等にかけることができないため，石こうとセメントを混ぜて練ったペーストを塗って整形するか，研磨用カップ形ダイヤモンドホイールを取り付けたディスクグラインダーなどで整形する．
　ⅱ) 梁試験体に，乾燥収縮などによるひび割れがみられる場合は，載荷後のひび割れと区別するために，前もって記録しておく．

iii) 試験体の長さ，幅，高さなどの寸法を測定する．
iv) 試験体表面にワイヤーストレインゲージを貼付する場合は，貼付位置をサンドペーパーで研磨し，アセトンで清浄にしたのち，その位置にゲージの寸法より少し大き目に切ったガムテープを貼っておく (2.2 節のゲージの貼り方参照)．
v) 石こうを水で溶いたもの，または屋内用の白色水性エマルションペイント (つや消し) を水で薄く溶いたものを試験体に塗布し，発生したひび割れが発見しやすいようにする．この場合，ii) で記録したひび割れが区別できるように工夫する．
vi) 試験体の支点，荷重点，中央部に鉛筆やサインペンなどで定規を使って寸法線を引く．さらに試験体の両側面に，縦・横に一定間隔で碁盤目状に線を引き，縦方向，横方向にそれぞれ番地を付ける．このようにしておけば，ひび割れの記録が容易となり，せん断ひび割れ発生後の試験体の側面のずれを観察するのにも役立つ．
vii) ワイヤーストレインゲージ貼付位置にあらかじめ貼っておいたガムテープを外し，その面に付着しているガムテープの接着剤やごみなどを拭き取って清浄にしたのち，ストレインゲージを貼付する．

（2） 載荷装置の準備

梁試験体の両支点は単純支持とし，3 等分点 2 点集中載荷とする．荷重点および支点の摩擦は RC 梁の力学性状にかなりの影響を与えることが知られているため，両支点ともテフロンシートやローラを用いて，支点の摩擦を減らすように心がける必要がある．

曲げ装置のうち，載荷ベッドの長さが不足する場合は，I 形鋼，H 形鋼などの曲げ試験用ベッドを既設のベッドに固定して利用するとよい．

試験機の荷重容量に対して試験体の耐力が小さすぎると，荷重の読み取り誤差が大きくなるため，そのような場合には適当なロードセル（2.2 節参照）を用いて荷重を検出する．

（3） 各種計測装置の準備

（a） たわみの測定

梁試験体のスパン中央部と両荷重点のたわみをダイアルゲージ (DG) などで測定する．曲げベッドの剛性が高い場合でも，試験体と支点との間のギャップやへこみなどが生じる恐れがあるので，梁試験体の両支点上で梁せいの中央部の点を直線で結んだ基準線からの垂直変位量が測定できるようなたわみ計測用フレームを使用することが

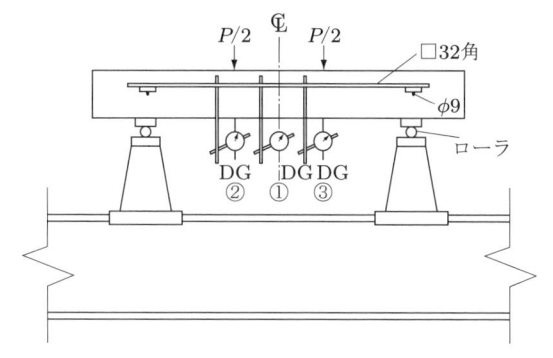

図 10.6 たわみの測定装置

望ましい (図 10.6 参照).

(b) 曲率の測定

曲げスパン内の一定区間 (l') の曲率 (φ) は，梁の上部と下部の埋込み鉄筋間の材軸方向変形量 $\Delta l'_c$ と $\Delta l'_t$ を，コンタクトゲージ，変位計，ストレインゲージなどを使って計測し，平均圧縮ひずみ (ε_c) と平均引張ひずみ (ε_t) を用いて次の式で求められる (図 10.7 参照).

$$\varphi = \frac{1}{\rho} = \frac{|\varepsilon_c| + |\varepsilon_t|}{h} \tag{10.1}$$

ここに，ρ：曲率半径，h：上下の変形測定間距離.

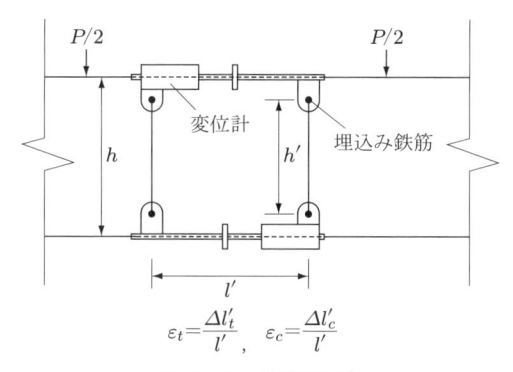

図 10.7 曲率の測定

(c) ひずみの測定

梁試験体のコンクリート断面の曲率および鉄筋のひずみの測定方法には，ワイヤーストレインゲージによる方法（写真 10.1 参照）と，コンタクトゲージによる方法とがある．コンクリートの表面に貼付するワイヤーストレインゲージの長さやコンタク

写真 10.1 RC 梁の載荷および測定装置

トポイントの間隔は，骨材の最大寸法を考慮して，あまり短いものは使わないようにする．

（d） ひび割れ幅の測定

ひび割れ幅の測定には，一般に，20 倍から 100 倍の倍率をもつひび割れ幅測定用測微鏡を用いる．倍率 100 倍の測微鏡では，10 μm 程度のひび割れ幅までを正確に読み取れるが，ひび割れ幅が 0.5 mm 以上の場合は，倍率 20 倍の測微鏡の方が使いやすい．測定に際しては，梁試験体の側面に測微鏡を密着させ，照明をつけて読み取りを行う．

以上，試験体，載荷装置，各種計測装置などの準備が完了したら，試験体を注意深く載荷装置にセットし，必要な計測装置を取り付けて，測定のための準備を行う．写真 10.1 に，載荷準備の完了したときの状況を示す．

▶ 10.7 載荷実験

載荷の方法は，単調漸増静載荷とし，各荷重段階ごとの荷重の増加量は，曲げひび割れの発見までは最大荷重の 1/30〜1/40 程度（たとえば最大荷重が 100 kN であれば，約 3.3〜2.5 kN）とする．これは初ひび割れの発生荷重をできるだけ正確に測定するためである．ひび割れ発生後の荷重の増加量は，最大荷重の約 1/20 程度でよいが，せん断初ひび割れの発生が予測される荷重段階では，曲げひび割れの場合と同様に，小さい荷重増分で載荷する．すなわち，毎分 2〜3 kN 程度のゆっくりとした速度とし，急速載荷しないように十分注意する．

10.8 実験結果と考察

実験結果と計算結果のうち，作表できるものは表にし，また図面化できるものは図を作成して結果の検討を行う．

(a) 使用材料の力学的性質に関する試験結果

1) 鉄筋の引張強度試験結果 $\phi 3$, $\phi 6$, D10 および D13 筋の引張強度試験を行った結果を記録する．鉄筋の応力－ひずみ関係の図を描き，ヤング係数，伸び率，降伏点，引張強度などについて考察する．

2) コンクリートの各種強度試験結果 コンクリート円柱供試体の応力－ひずみ関係の図を描き，また圧縮強度 (F_c)，圧縮強度の 1/3 の応力点におけるセカントモデュラス (E_c)，割裂引張強度，曲げ強度などについて考察する．

(b) 梁試験体に関する実験結果の一覧

梁の曲げ初ひび割れ荷重，せん断初ひび割れ荷重，終局せん断耐力，終局曲げ耐力，破壊形式などの実測結果と計算結果を記録する．一覧表の参考例を，表 10.2 に示す．

表 10.2 実測結果の一覧

試験体名		引張主筋比 p_t [%]	圧縮主筋比 p_c [%]	あばら筋比 p_w [%]	あばら筋の降伏点 σ_{wy} [N/mm²]	曲げ初ひび割れ時			せん断初ひび割れ荷重 [kN]		終局せん断耐力 [kN]	終局曲げ耐力時			破壊形式
						荷重 [kN]	モーメント [kN·m]	曲率 [×10⁻⁶/mm]	曲げせん断ひび割れ	斜めせん断ひび割れ		荷重 [kN]	モーメント [kN·m]	曲率 [×10⁻⁶/mm]	
I	実験値	1.87	0.70	0											
	計算値														
II	実験値	1.87	0.70	0.06											
	計算値														
III	実験値	1.87	0.70	0.20											
	計算値														
IV	実験値	1.87	0.70	0.30											
	計算値														
V	実験値	1.87	0.70	0.57											
	計算値														

(c) 荷重－たわみ関係

縦軸に荷重，横軸にスパン中央部の実測たわみの値をとって，I～Vの試験体について，荷重－たわみ曲線を描く．各試験体の荷重－たわみ曲線の初期勾配，曲げ剛性の変化と，曲げひび割れ，せん断ひび割れとの関係を調べるとともに，あばら筋比とそれらとの関係を調べる．さらに計算から求めた荷重－たわみ曲線を実測値に重ねて

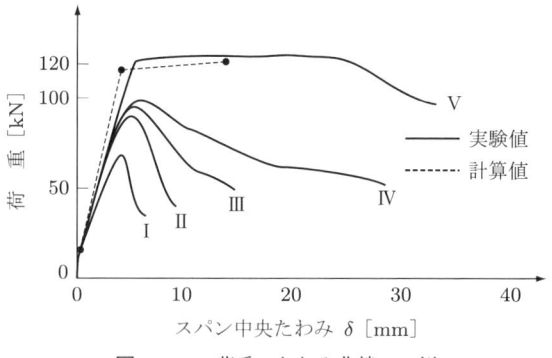

図 10.8 荷重−たわみ曲線の一例

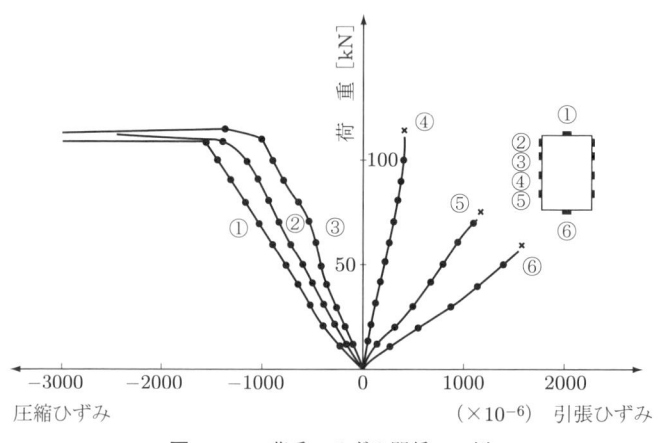

図 10.9 荷重−ひずみ関係の一例

記入し，計算値と実測値を比較検討し，両者の関係を報告する．図 10.8 に荷重−たわみ曲線の一例を示す．

（d） 荷重−ひずみ関係

梁のスパン中央部の側面に貼付したワイヤーストレインゲージによる軸方向ひずみの測定結果を図示する．縦軸に荷重，横軸にひずみの測定値をとり，各荷重段階ごとにひずみをプロットする．図 10.9 に荷重−ひずみ関係の一例を示す．荷重の増加とともに，各点のひずみがどのように変化するかを考察する．

（e） 断面のひずみ分布

梁の側面と上下面の軸方向ひずみの分布を各荷重段階ごとに描き，平面保持の仮定が成立するかどうかを検討する．これらの一例を図 10.10 に示す．

図 10.10　断面のひずみ分布の一例

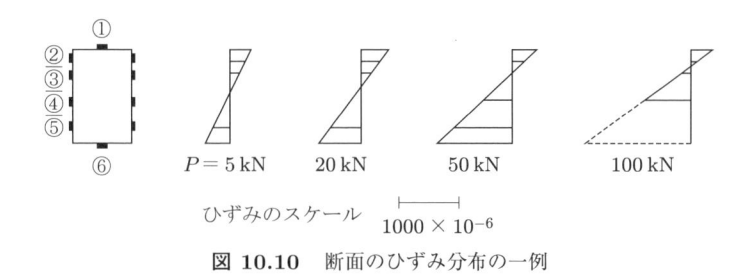

（f）曲げモーメント-曲率関係

曲げで破壊する梁試験体Vについて，純曲げスパン内の曲率をひずみの実測値を用いて求め，曲げモーメント-曲率関係の図を描く．たわみで梁の変形を表示する代わりに，曲げで破壊する梁については断面の曲率で論じることも多いため，曲げモーメント-曲率関係の実験値と計算値を比較・考察する．実験結果の一例を図 10.11 に示す．

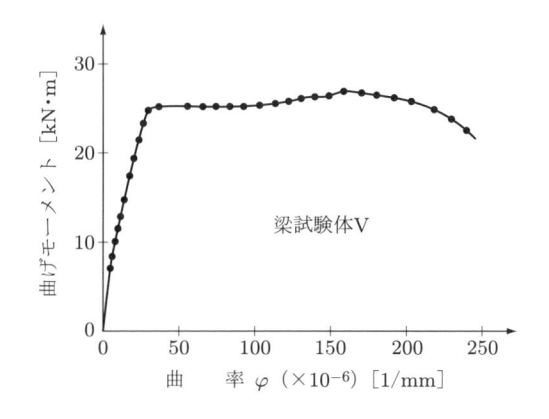

図 10.11　モーメント-曲率関係の一例

（g）荷重-曲げひび割れ幅関係

曲げで破壊する梁試験体Vについて，引張主筋位置のコンクリートの曲げひび割れ間隔の実測値および計算値と主筋ひずみとの関係について考察する．今回の梁Vは引張主筋比が低く，引張主筋が降伏すると，ひび割れ幅が急増するため，それらの関係をよく考察する．

（h）ひび割れ発生状況および破壊状況

実験中にノートに記録したひび割れの進展状況と梁側面にトレースした結果を整理してひび割れパターンを図示する．実験終了後の梁は完全に壊れ，ひび割れが無数に入ってしまうため，降伏荷重前後のひび割れパターンと実験終了後に記録した破壊後

のひび割れパターンを区別して図示した方が好ましい．とくにせん断で破壊した梁については，あばら筋比が異なるとせん断破壊の破壊形式と破壊に至る状況が大きく異なるので，各あばら筋ごとにこれらの点を比較・考察する．図 10.12 に実験終了後のひび割れパターンの例を示す．

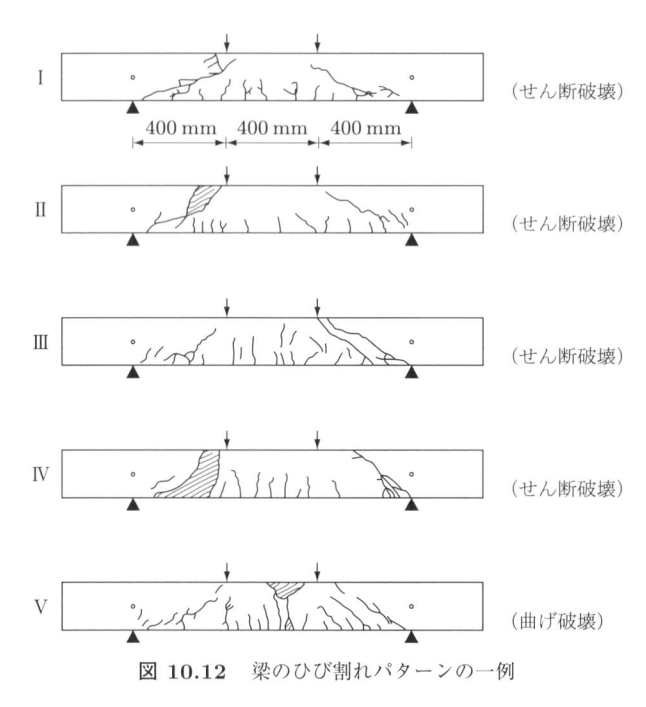

図 10.12　梁のひび割れパターンの一例

(i)　剛性変化

　この節の (c) 項で図示した荷重－たわみ関係，あるいは (f) 項で求めた曲げモーメント－曲率関係を参考にして，曲げ剛性の変化とせん断ひび割れの発生による剛性の変化を調べ，考察する．ここでいう剛性とは荷重－たわみ曲線，あるいは曲げモーメント－曲率関係における曲線の勾配のことである．一般に，曲げ初ひび割れが梁に発生すると，曲線はやや折れ曲がり，さらに載荷してせん断ひび割れが発生すると剛性がさらに低下する．梁の引張主筋が降伏すると，梁の剛性は急激に低下するので，これらの点について考察する．

10.9 参考資料

（1） 曲げ耐力の算定式

（a） 曲げひび割れ発生モーメント

梁の引張縁の応力がコンクリートの引張強度（または，曲げ強度）に達したとき，曲げひび割れが発生する．以下の計算に使用する記号を次に示しておく（図 10.13 参照）．

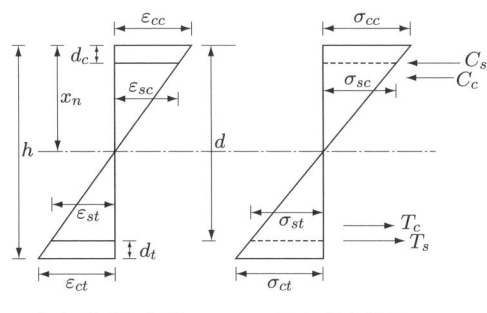

（a）ひずみ分布　　（b）応力分布

図 10.13　曲げひび割れ発生時のひずみ分布と応力分布 (三角形分布)

E_c：コンクリートのヤング係数，E_s：主筋のヤング係数，a_c：圧縮主筋の断面積，a_t：引張主筋の断面積，σ_{ct}：コンクリートの引張強度，ϕ：曲率，$\varepsilon_{ct} = \sigma_{ct}/E_c$，$n = E_s/E_c$．ただし，主筋によるコンクリートの断面欠損は無視する．

実験によれば，コンクリートの曲げ強度 (σ_b) は引張強度 (σ_{ct}) の 1.5 倍程度であるため，曲げひび割れ発生モーメントを計算する場合には，σ_{ct} の代わりに σ_b を用いることが多い．

平面保持の仮定から

$$\varepsilon_{cc} = \varepsilon_{ct} \cdot \frac{x_n}{h - x_n}, \qquad \sigma_{cc} = \sigma_{ct} \cdot \frac{x_n}{h - x_n} \tag{10.2}$$

$$\varepsilon_{sc} = \varepsilon_{ct} \cdot \frac{x_n - d_c}{h - x_n}, \qquad \sigma_{sc} = \sigma_{ct} n \cdot \frac{x_n - d_c}{h - x_n} \tag{10.3}$$

$$\varepsilon_{st} = \varepsilon_{ct} \cdot \frac{h - d_t - x_n}{h - x_n}, \qquad \sigma_{st} = \sigma_{ct} n \cdot \frac{h - d_t - x_n}{h - x_n} \tag{10.4}$$

コンクリートの圧縮合力	$C_c = 0.5 x_n b \sigma_{cc} = 0.5 x_n^2 b \sigma_{cc}/(h - x_n)$
鉄筋の圧縮力	$C_s = \sigma_{sc} a_c = n(x_n - d_c) a_c \sigma_{ct}/(h - x_n)$
コンクリートの引張合力	$T_c = 0.5(h - x_n) b \sigma_{ct}$
鉄筋の引張力	$T_s = \sigma_{st} a_t = n(h - d_t - x_n) a_t \sigma_{ct}/(h - x_n)$

釣合条件，すなわち圧縮合力＝引張合力より

$$C_c + C_s = T_c + T_s \tag{10.5}$$

各合力を式 (10.5) に代入し，x_n について整理すると，

$$(2bh + 2a_c n + 2a_t n) \cdot x_n - \{bh^2 + 2d_c a_c n + 2(h - d_t)a_t n\} = 0 \quad (10.6)$$

$$x_n = \frac{bh^2 + 2d_c a_c n + 2(h - d_t)a_t n}{2(bh + a_c n + a_t n)} \quad (10.7)$$

曲げひび割れ発生モーメント M_c は，中立軸に関する各合力による曲げモーメントの和として求めると

$$\begin{aligned} M_c &= \frac{2}{3}x_n C_c + (x_n - d_c)C_s + \frac{2}{3}(h - x_n)T_c + (h - d_t - x_n)T_s \\ &= \frac{\sigma_{ct} \cdot x_n}{h - x_n}\left\{\frac{1}{3}bx_n^2 + na_c\frac{(x_n - d_c)^2}{x_n} \right. \\ &\quad \left. + na_t \cdot \frac{(h - d_t - x_n)^2}{x_n} + \frac{1}{3} \cdot \frac{b(h - x_n)^3}{x_n}\right\} \end{aligned} \quad (10.8)$$

また，曲げひび割れ発生曲率は，式 (10.1) に各ひずみを代入して，

$$\varphi = \frac{1}{\rho_c} = \frac{(\varepsilon_{ct} + \varepsilon_{cc})}{h} \quad (10.9)$$

（b） 降伏曲げモーメント

RC 梁の降伏曲げモーメントは，引張主筋が降伏点に達したときの曲げモーメントである．したがって，上記 (a) の曲げひび割れ発生モーメントと同様，断面の釣合条件を満足するようにして算定式を導くことができる．ただし，算定式は，コンクリートの応力分布や圧縮鉄筋のひずみ状態などの仮定によって異なるため，詳細は RC 構造の教科書などに譲ることとし，ここでは釣合鉄筋比以下の RC 梁の曲げ降伏モーメント (M_y) の略算式を示しておく．

$$M_y = \frac{7}{8}a_t \cdot \sigma_y \cdot d \quad (10.10)$$

ここに，σ_y：引張主筋の降伏強度，d：梁の有効せい ($= h - d_t$)．

（c） 終局曲げモーメント

RC 梁の終局曲げモーメントは，一般に，圧縮縁のコンクリートが終局ひずみ（プレーンコンクリートの場合，$\varepsilon_{cc} = 0.003$ 程度）に達したときの曲げモーメントと定義される．降伏曲げモーメントの場合と同様，釣合鉄筋比以下の RC 梁に対する終局曲げモーメントの略算式を以下に示す．

$$M_u = 0.9a_t \cdot \sigma_y \cdot d \quad (10.11)$$

（2） たわみの計算方法

たわみ (y)，曲げモーメント (M)，曲げ剛性 (EI)，曲率 (φ)，曲率半径 (ρ)，梁の圧縮縁ひずみ (ε_{cc}) および中立軸せい (x_n) の間には，次のような関係がある．

$$-\frac{d^2y}{dx^2} = \frac{M}{EI} = \varphi = \frac{1}{\rho} = \frac{\varepsilon_{cc}}{x_n} = \frac{\varepsilon_{cc} + \varepsilon_{st}}{d} = \frac{\varepsilon_{cc} + \varepsilon_{ct}}{h} \tag{10.12}$$

鉄筋コンクリート部材では，曲げひび割れ発生以降，EI の値が変化するため，たわみは容易に計算できない．一般には，耐力算定の際に求まる ε_{cc} と x_n の値から $1/\rho$ を求め，式 (10.12) の関係を使って，たわみ y は次の式を積分することによって求められる．

$$-\frac{d^2y}{dx^2} = \frac{1}{\rho} \tag{10.13}$$

式 (10.13) を積分する代わりに，モールの定理を利用して，$1/\rho$ 図を書き，この $1/\rho$ の分布を荷重とみなして，モーメント図を作れば，これがたわみ図になる．以下これらの方法を利用した計算手順を，終局曲げモーメント時のたわみについて示す．

$$x_1 = \frac{M_c l}{3M_u}$$
$$x_2 = \frac{M_y l}{3M_u} - x_1$$
$$x_3 = \frac{l}{3} - (x_1 + x_2)$$

$w_1 \sim w_6$ は，図 10.14 の $1/\rho$ の分布荷重に示す部分の荷重とする．反力 R は，

$$\begin{aligned} R &= w_1 + w_2 + w_3 + w_4 + w_5 + w_6 \\ &= \frac{1}{2}x_1 \frac{1}{\rho_c} + \frac{1}{2}x_2 \left(\frac{1}{\rho_y} - \frac{1}{\rho_c}\right) + x_2 \frac{1}{\rho_c} \\ &\quad + \frac{1}{2}\left(\frac{1}{\rho_u} + \frac{1}{\rho_y}\right) \cdot x_3 + x_3 \frac{1}{\rho_y} + \frac{l}{6} \cdot \frac{1}{\rho_u} \end{aligned} \tag{10.14}$$

梁の中央部のたわみは，この点の曲げモーメントである下式によって求められる．

$$\begin{aligned} y &= R\frac{l}{2} - \frac{1}{2}x_1 \frac{1}{\rho_c}\left(\frac{l}{2} - \frac{2}{3}x_1\right) \\ &\quad - \frac{1}{2}x_2\left(\frac{1}{\rho_y} - \frac{1}{\rho_c}\right)\left(\frac{x_2}{3} + x_3 + \frac{l}{6}\right) \\ &\quad - x_2 \frac{1}{\rho_c}\left(\frac{x_2}{2} + x_3 + \frac{l}{6}\right) - \frac{1}{2}\left(\frac{1}{\rho_u} - \frac{1}{\rho_y}\right)x_3\left(\frac{x_3}{3} + \frac{l}{6}\right) \\ &\quad - x_3 \frac{1}{\rho_y}\left(\frac{x_3}{2} + \frac{l}{6}\right) - \frac{l}{6} \cdot \frac{1}{\rho_u} \cdot \frac{l}{12} \end{aligned} \tag{10.15}$$

（3） せん断耐力の算定式

せん断破壊については，メカニズムが不明なため，一般化された耐力の算定式が見出されていない．参考として，RC 規準式のもとになった荒川らの実験式を示す．以下に示す式の記号は次のとおりである．

図 10.14 たわみの計算方法

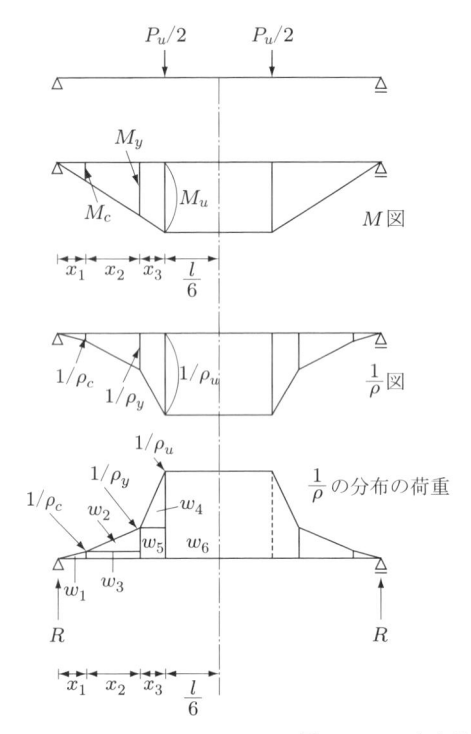

曲げ初ひび割れ時の曲げモーメント M_c
曲げ初ひび割れ時の曲率 $1/\rho_c$
引張主筋降伏時の曲げモーメント M_y
引張主筋降伏時の曲率 $1/\rho_y$
終局時の曲げモーメント M_u
終局時の曲率 $1/\rho_u$

Q_c：せん断初ひび割れ発生耐力 [N], Q_u：終局せん断耐力 [N], b：梁せい [mm], d：梁の有効せい [mm], F_c：コンクリートの圧縮強度 [N/mm^2], p_t：引張主筋比 [%], $M/(Q \cdot d) = d/a$ に等しい, $j = 0.875d$, k_p, k_u, k_c：引張主筋比と梁の寸法で決まる係数 (図 10.15 (a) と (b) 参照), p_w：あばら筋比, $_w\sigma_y$：あばら筋の降伏点 [N/mm^2].

（a） せん断初ひび割れ発生時のせん断耐力式

$\dfrac{M}{Qd} < 3$ $\left(\dfrac{a}{d} < 3\right)$ の場合（実験式）：

$$Q_c = bjk_c(49 + F_c) \times \frac{0.17}{(a/d) + 3.4} \tag{10.16}$$

$\dfrac{M}{Qd} \geqq 3$ $\left(\dfrac{a}{d} \geqq 3\right)$ の場合（実験下限式）：

$$Q_c = bjk_c(49 + F_c) \times 0.014 \tag{10.17}$$

ただし, $d = 17$ cm では $k_c = 0.92$.

（b） 終局せん断耐力式

$\dfrac{M}{Qd} < 3$ $\left(\dfrac{a}{d} < 3\right)$ の場合（実験式）：

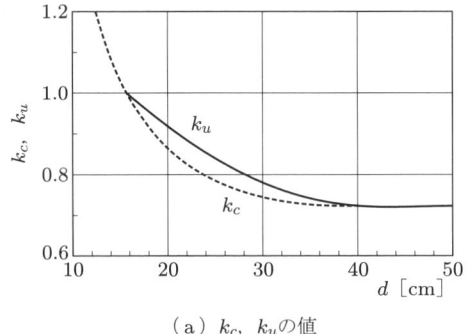

(a) k_c, k_u の値

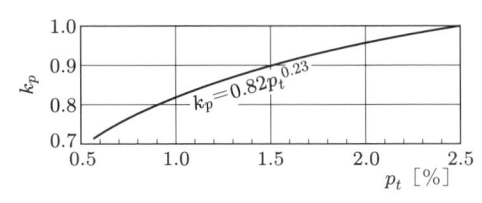

(b) k_p の値

図 10.15　k_c, k_u および k_p の値

$$Q_u = bj\left\{k_u k_p (17.6 + F_c) \times \frac{0.115}{(a/d) + 0.12} + 0.85\sqrt{p_w \cdot {}_w\sigma_y}\right\} \quad (10.18)$$

$\dfrac{M}{Qd} \geqq 3 \left(\dfrac{a}{d} \geqq 3\right)$ の場合 (実験下限式)：

$$Q_u = bj\left\{k_u k_p (17.6 + F_c) \times 0.0295 + 0.85\sqrt{p_w \cdot {}_w\sigma_y}\right\} \quad (10.19)$$

ただし，$d = 17$ cm では $k_u = 0.97$, $k_p = 0.82 p_t^{0.23}$.

2 点集中載荷単純梁では，$P_c = 2Q_c$, $P_u = 2Q_u$ となる．

演習問題

1. 曲げ材における平面保持の仮定について説明せよ．
2. RC 梁の曲げ破壊には，2 つの破壊形式があるが，そのおのおのについて説明せよ．
3. RC 梁のせん断破壊形式について説明せよ．
4. RC 梁におけるあばら筋の役割について説明せよ．
5. RC 梁の曲げ・せん断実験におけるひび割れの発生および伸展の状況について説明せよ．

Ⅲ. 鋼材に関する試験

11 鉄筋の引張試験方法

本章は，RC構造などで使用される鉄筋の引張特性を，JISに基づく試験方法によって把握することを目的に，その試験片，使用機器，試験方法，試験結果の整理方法などについて説明する．また，鉄筋の引張特性を把握するうえで必要不可欠な降伏点，引張強さおよび伸びについても説明する．

11.1 試験目的

この試験の目的は，RC構造を構成するのに不可欠な鉄筋の機械的性質または力学性状を知ることである．すなわち，1) 引張荷重を受ける鉄筋の力学性状が，JISに規定されている降伏点，引張強さ，伸び率などの機械的性質に適合するか否かを判別する，2) 構造計算において不可欠な鉄筋の応力とひずみの関係について把握する．

11.2 試験方法

(1) 試験片

(a) 鉄筋の種類

鉄筋の種類は，表11.1 (JIS G 3112, 3117) に示すように分類されている．表中に示すように各鉄筋の種類に対し，機械的性質（降伏点，引張強さ，伸び）について規定値が設けられている．鉄筋の記号の最初のSはSteel（鋼材）を，二番目のDはDeformed（異形）を，RはRound（丸鋼）を，三番目のRはRe-rolled steel（再生鋼）であることをそれぞれ意味する．文字の後の3桁の数値は，最低保証降伏点をN/mm^2の単位で表したものである．

表 11.1 代表的な鉄筋の種類・機械的性質 (JIS G 3112, 3117)

区分	種類の記号	降伏点または0.2%耐力 [N/mm²]	引張強さ [N/mm²]	引張試験片	伸び [%]
丸鋼	SR235	235 以上	380〜520	2 号	20 以上
				14A 号	22 以上
	SR295	295 以上	440〜600	2 号	18 以上
				14A 号	19 以上
異形棒鋼	SD295A	295 以上	440〜600	2 号に準じるもの	16 以上
				14A 号に準じるもの	17 以上
	SD295B	295〜390	440 以上	2 号に準じるもの	16 以上
				14A 号に準じるもの	17 以上
	SD345	345〜440	490 以上	2 号に準じるもの	18 以上
				14A 号に準じるもの	19 以上
	SD390	390〜510	560 以上	2 号に準じるもの	16 以上
				14A 号に準じるもの	17 以上
	SD490	490〜625	620 以上	2 号に準じるもの	12 以上
				14A 号に準じるもの	13 以上
再生丸鋼	SRR235	235 以上	380〜590	2 号	20 以上
	SRR295	295 以上	440〜620		18 以上
再生異形棒鋼	SDR235	235 以上	380〜590	2 号に準じるもの	18 以上
	SDR295	295 以上	440〜620		16 以上
	SDR345	345 以上	490〜690		

備考 異形棒鋼（再生異形棒鋼は除く）で，寸法が呼び名 D32 を超えるものについては，呼び名 3 を増すごとに表 11.1 の伸び値をそれぞれ 2 減じる．ただし，減じる限度は 4 とする．

（b） 引張試験片の形状・寸法

鉄筋の引張試験片としては，図 11.1 に示す 2 号および 14A 号試験片を用いる (JIS Z 2201)．なお，14A 号の径は，一般に試験機の荷重容量に合わせて設定する．

（2） 使用機器

引張試験に用いる試験機は JIS B 7721 により，その構造や検査について規定されている．引張試験機としては，アムスラー式およびオルゼン式などの試験機を用いるが，一般には，引張専用試験機よりも引張試験，圧縮試験，曲げ試験などに適用しうる万能試験機を用いることが多い．

試験結果を整理するにあたり，必要な試験片の寸法，標点距離（後述，(3) (a) 参照）などを測定するために，ノギスあるいはマイクロメータを，また標点けがきのために，ポンチあるいはけがき針などを用いる．

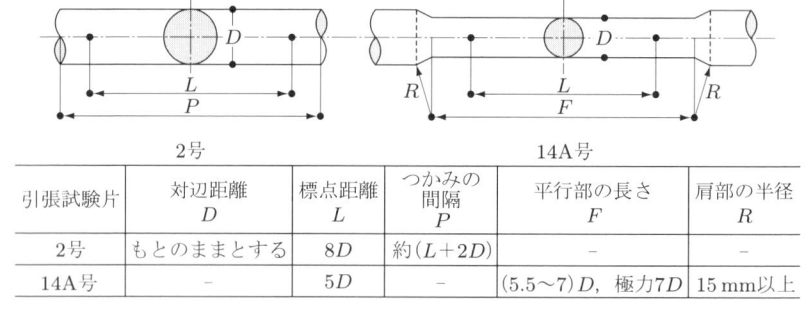

引張試験片	対辺距離 D	標点距離 L	つかみの間隔 P	平行部の長さ F	肩部の半径 R
2号	もとのままとする	$8D$	約$(L+2D)$	–	–
14A号	–	$5D$	–	$(5.5〜7)D$, 極力$7D$	15 mm以上

備考 (1) 2号試験片は，呼び径が25 mm以下の棒材に用いる．
(2) 14A号試験片は，呼び径が25 mmを超える棒材に用いる．
また，この試験片は，切り出して製作する．
(3) 異形棒鋼の標点距離はDを公称直径とし定める．

図 11.1 鉄筋の引張試験片の形状 (JIS Z 2201)

荷重載荷中に試験片のひずみを測定する必要があるときは，たとえば2.2節に示したワイヤーストレインゲージなどを用いる．

(3) 試験方法

引張試験は次に示す手順に従って行う．

(a) 標点距離の測定

引張試験を行う前の試験片に，標点距離 L が規定の値となるように標点を描き，試験片に標点をポンチまたはけがき針でしるし（写真 11.1 参照），2標点間の距離（標点距離）を測定しておく．なお，標点距離は，適当な測定器（たとえばノギス）を用いて規定の寸法（図11.1 参照）の少なくとも0.4%の精度で測定しなければならない．

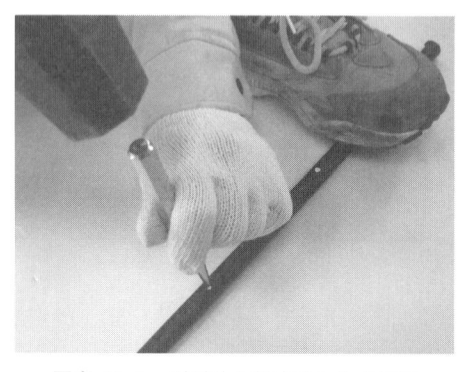

写真 11.1 試験片に標点をしるす作業

(b) 直径・原断面積の測定

引張試験を行う前の試験片の断面積（原断面積）を測定しておく．標点間の両端部および中央部の3箇所において断面積を算定し，その平均値を原断面積 A_0 とする．断面積を求めるために必要な直径は，それぞれの位置で互いに直交する2方向に対して測定した値の平均値とする．この場合，寸法は規定寸法の少なくとも0.5%の数値まで測定しなければならない．なお，異形棒鋼の直径・原断面積は表11.2に示す公称値を用いる．

表 11.2 鉄筋コンクリート用異形棒鋼の呼び名・寸法・断面積・単位質量 (JIS G 3112, 3117)

呼び名	公称直径 d [mm]	公称周長 l [mm]	公称断面積 S [mm^2]	単位質量 [kg/m]	呼び名	公称直径 d [mm]	公称周長 l [mm]	公称断面積 S [mm^2]	単位質量 [kg/m]
D4	4.23	13	14.05	0.110	D22	22.2	70	387.1	3.04
D5	5.29	17	21.98	0.173	D25	25.4	80	506.7	3.98
D6	6.35	20	31.67	0.249	D29	28.6	90	642.4	5.04
D8	7.94	25	49.51	0.389	D32	31.8	100	794.2	6.23
D10	9.53	30	71.33	0.560	D35	34.9	110	956.6	7.51
D13	12.7	40	126.7	0.995	D38	38.1	120	1140	8.95
D16	15.9	50	198.6	1.56	D41	41.3	130	1340	10.5
D19	19.1	60	286.5	2.25	D51	50.8	160	2027	15.9

(c) 試験片の設置

試験片の形状・寸法に適したつかみ装置を用い，載荷中に軸方向の荷重だけが加わるように，すなわち偏心荷重が加わらないように試験片を試験機に設置する．

(d) 載荷

載荷に際しては，測定を必要とする上降伏点，下降伏点または耐力それぞれの規定値に対する値の1/2の荷重までは適宜の一定速度（応力増加率，ひずみ増加率，または経過時間のいずれかとする）で荷重を加えてもよい．なお，それ以後は，平均応力増加率が毎秒 3～30 N/mm^2 となるように，また引張強さだけを測定する場合には，標点間のひずみ増加率が毎分 20～50%/min となるように載荷する．載荷は試験片が破断するまで継続し，その間，必要に応じて特定の荷重ごとにひずみ，上降伏荷重，下降伏荷重，最大荷重，破断荷重などを記録する．ただし，各荷重は少なくともその大きさの0.5%までの精度で読み取る．

（e） 伸びの測定

試験片が破断したのち，試験片の両破断片の中心線が一直線となるように破断面を突き合わせ，上述の標点距離の測定に準じた精度で標点間の長さ L' を測定する（写真 11.2 参照）．ただし，破断後の標点距離は，破断面を突き合わせたとき，図 11.2 のような中央部に隙間 CP がある場合にも，この CP の寸法を差し引かずに標点 O_1, O_2 間の長さとする．

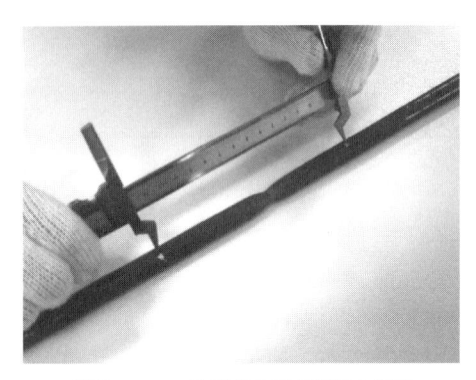

写真 11.2 破断後の標点距離の測定

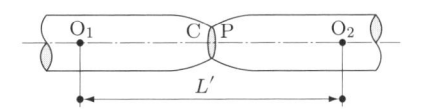

図 11.2 破断後の標点距離の測定方法

（f） 破断後の断面積の算定

原断面積の算定法に準じた精度で最小断面積 A_n を算定する．

（4） 結果の整理方法

（a） 降伏点

降伏点（図 11.3 参照）は次の式によって求める．

$$上降伏点：\sigma_{su} = \frac{F_{su}}{A_0} \quad [\text{N/mm}^2] \tag{11.1}$$

$$下降伏点：\sigma_{sl} = \frac{F_{sl}}{A_0} \quad [\text{N/mm}^2] \tag{11.2}$$

なお，降伏点が図 11.4 に示すように明確に現れない材料に対しては，主として 0.2％耐力を用いる．0.2％耐力とは図に示すように，0.2％のひずみの点から弾性直線を引き，これと曲線の交点の荷重とする．

$$0.2\%耐力：\sigma_{0.2} = \frac{F_{0.2}}{A_0} \quad [\text{N/mm}^2] \tag{11.3}$$

（b） 引張強さ

引張強さは，次の式によって求める．

$$\sigma_B = \frac{F_{\max}}{A_0} \quad [\text{N/mm}^2] \tag{11.4}$$

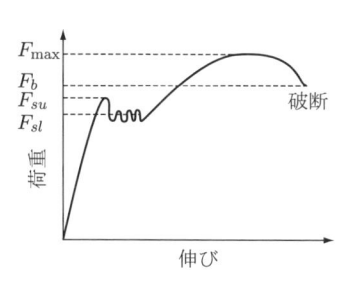

図 11.3　鉄筋の荷重 − 伸び関係

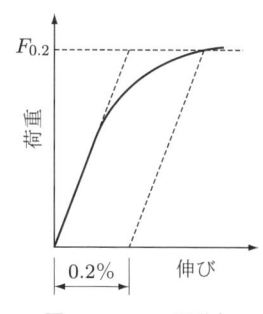

図 11.4　0.2%耐力

なお，降伏点，耐力および引張強さの数値は，整数 (1 位) に丸める．ただし，応力の測定値が 100 N/mm² 未満の場合には，有効数字 2 桁となるように数値を丸める．

（c）破断強さ

破断強さは，次の式によって求める．

$$\sigma_b = \frac{F_b}{A_0} \quad [\text{N/mm}^2] \tag{11.5}$$

（d）伸び

伸びを求める場合には，試験片の破断位置に注意する．破断位置は，その位置に応じて次の a, b, c の 3 通りに区別して試験結果に付記する．

a：標点間の中心から標点距離の 1/4 以内で破断した場合（図 11.5 の A 部）

b：標点間の中心から標点距離の 1/4 を超え，標点以内で破断した場合（図 11.5 の B 部）

c：標点外で破断した場合（図 11.5 の C 部）

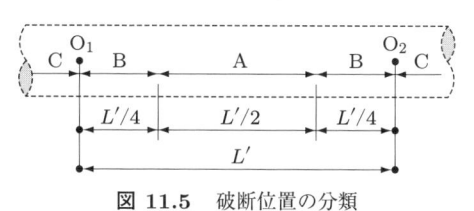

図 11.5　破断位置の分類

このうち，試験片が A 部で破断した場合には，伸びは次の式によって求める．

$$\delta = \frac{L' - L}{L} \times 100 \quad [\%] \tag{11.6}$$

なお，伸びの数字は，JIS Z 8401 の規定に準じて整数 (1 位) に丸める．また，破断位置が B 部の場合には，次の手順によって伸びの推定値を求めることができる (図 11.6)．

ⅰ）試験後，図のように破断面を突き合わせて，標点間を適当な長さに等分して目盛を付ける．

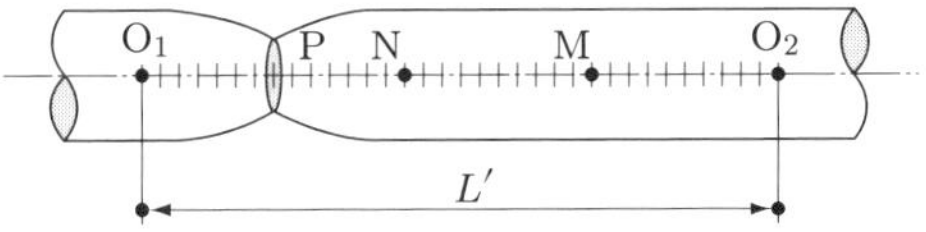

図 11.6　B 点で破断した場合の伸びの推定方法

ⅱ) 短い方の破断片上の標点 O_1 の破断位置 P に対する対称点 N を求め，O_1N 間の長さを測定する．
ⅲ) 長い方の破断片上の標点 O_2 と N の間の等分数を n とする．
ⅳ) n が偶数のときは N から O_2 の方へ $n/2$ 番目の目盛を M として，NM 間の長さを測定する．
ⅴ) n が奇数のときは N から O_2 の方へ $(n-1)/2$ 番目と $(n+1)/2$ 番目の目盛の中点を M として，NM 間の長さを測定する．
推定値を次の式によって求める．

$$\text{推定値} = \frac{O_1N + 2NM - L}{L} \times 100 \quad [\%] \tag{11.7}$$

ただし，この場合には，試験結果が推定値であることを明記しておく．

(5) 絞り

絞りは原断面積の減少率であり，次の式によって求める．

$$\phi = \frac{A_0 - A_n}{A_0} \times 100 \quad [\%] \tag{11.8}$$

なお，絞りの数値は JIS Z 8401 の規定に準じて整数 (1 位) に丸める．

11.3　参考資料

(1) JIS

JIS に規定されている鉄筋の引張試験に関する規格としては，次のようなものがある．

　　JIS B 7721：引張・圧縮試験機 – 力計測系の校正・検証方法
　　JIS G 3112：鉄筋コンクリート用棒鋼
　　JIS G 3117：鉄筋コンクリート用再生棒鋼
　　JIS Z 2201：金属材料引張試験片
　　JIS Z 2241：金属材料引張試験方法

（2） 鉄筋の化学成分

表 11.3 に鉄筋の化学成分の例を示す．表中に示す各化学成分はそれぞれ以下の役割を果たす．

炭素 (C)：降伏点，引張強さを高めるが，伸びが小さくなる．
ケイ素 (Si)：脱酸効果があり腐食を抑制する．
マンガン (Mn)：伸びを高める．
りん (P)，硫黄 (S)：製鉄，製鋼の過程で含まれてしまう不純物であり，伸びが小さくなる．

表 11.3　主な鉄筋の化学成分 (JIS G 3112)

種類の記号	化学成分 [%]					
	C	Si	Mn	P	S	C+Mn/6
SR235	–	–	–	0.050 以下	0.050 以下	–
SR295	–	–	–	0.050 以下	0.050 以下	–
SD295A	–	–	–	0.050 以下	0.050 以下	–
SD295B	0.27 以下	0.55 以下	1.50 以下	0.040 以下	0.040 以下	–
SD345	0.27 以下	0.55 以下	1.60 以下	0.040 以下	0.040 以下	0.050 以下
SD390	0.29 以下	0.55 以下	1.80 以下	0.040 以下	0.040 以下	0.055 以下
SD490	0.32 以下	0.55 以下	1.80 以下	0.040 以下	0.040 以下	0.060 以下

（3） 鉄筋の性質

炭素鋼の機械的性質は炭素含有量によって変化する．一般に，炭素含有量が多くなると，図 11.7 に示すように降伏点と引張強さは高くなるが，伸びは減少する．それに伴い，図 11.8 に示すように降伏点は不明確となる．なお，炭素鋼のヤング係数は，炭

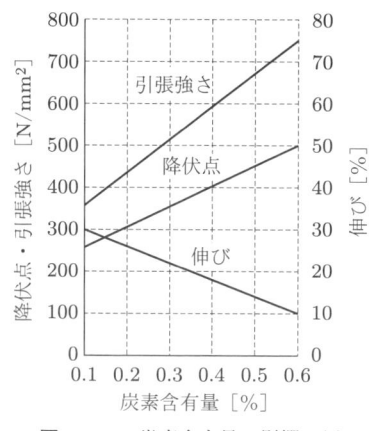

図 11.7　炭素含有量の影響の例

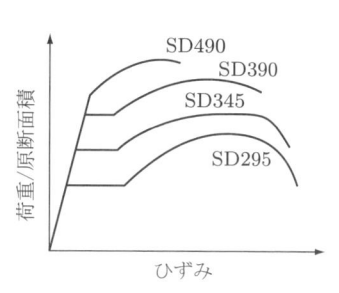

図 11.8　鉄筋の応力 – ひずみ関係

素およびその他の元素含有量や加工などの影響をほとんど受けず，およそ 200～220 kN/mm^2 である．

（4） 鉄筋の破壊状況

引張荷重を受ける鉄筋は，降伏点を過ぎると断面が減少する，いわゆる絞り現象が現れはじめ，ひずみレベルが最大耐力時の値を超えると，局部収縮が顕著となり，最終的には写真 11.3 に示すように，載荷軸方向と 45°の角度をなす面にすべりが生じて破断する．

写真 11.3　破断面

（5） 降伏点

上降伏点および下降伏点，どちらも降伏点である．なお，上降伏点は，試験機，荷重載荷時の平均応力増加率などに影響するため，降伏点として下降伏点を採用することがある．また構造設計上の安全を考慮し，降伏点として下降伏点を採用することが多い．

（6） 金属材料の引張試験

鉄筋を除く金属材料の引張試験は，JIS Z 2201 に定められた引張試験片を用いて，本章の手順で実施すればよい．

演習問題

1. 鉄筋の記号 SR235 の最初の S，二番目の R，文字の後の 3 桁の数値の意味を説明せよ．
2. 鉄筋の記号 SDR345 の最初の S，二番目の D，三番目の R，文字の後の 3 桁の数値の意味を説明せよ．
3. 表 11.4 に鉄筋の引張試験結果を示す．この鉄筋の降伏点，引張強さ，伸びを求めよ．

表 11.4　鉄筋の引張試験結果

鉄筋の種類	呼び名	引張試験片	降伏点荷重 [kN]	引張荷重 [kN]	標点距離 [mm]	破断後の標点距離 [mm]	破断箇所
SD295A	D16	2 号	95	122	128	146	A

4. 表 11.4 に示す結果から，この鉄筋を建築構造に使用してよいか否かを判定せよ．
5. 鉄筋のヤング係数は，炭素およびその他の元素含有量や加工などの影響を受けるか否かを説明せよ．

12 H形鋼の曲げ実験方法

　本章では，構造力学で学んだ梁の曲げ理論や塑性力学の基礎知識についての理解を深めることを目的として，曲げモーメントを受けるH形鋼の実験方法，実験結果の整理方法，実験に関連する理論などについて説明する．

12.1 実験目的

　曲げモーメントを受けるH形鋼の変形性能の測定を行い，構造力学で学んだ曲げ理論を検証するとともに，局部座屈や横座屈現象を体験することにより，鋼構造の断面設計および塑性解析の基礎的知識の理解を深めることを目的とする．

12.2 試験体および実験方法

（1） 使用鋼材と試験体の製作

　建築・土木分野において構造用として多く使用されている鋼材は，JIS G 3101「一般構造用圧延鋼材」，JIS G 3106「溶接構造用圧延鋼材」およびJIS G 3136「建築構造用圧延鋼材」である．これらには用途に応じた機械的性質や化学成分が規定されている．鋼材の性質を知るためには，JIS Z 2201「金属材料引張試験片」に従って引張試験片を採取し，JIS Z 2241「金属材料引張試験方法」に従って材料試験を行うか，製鋼メーカーが鋼材につけて出荷するミルシート（鋼材検査証明書）により，その値を確認する必要がある．実際の工事では，ミルシートが添付されている鋼材は，特別必要がある場合を除いて材料試験を行わない．

　鋼材の形状・寸法もJIS規格によって規定されている．試験体の形状・寸法，性質などは，各種の試験条件に応じて決めればよいが，ここでは一例として，JIS G 3192「熱間圧延形鋼の形状，寸法，重量及びその許容差」に規定された以下のようなH形鋼を使用するものとする．

H形鋼（H-100×50×5×7，SS400）を，図12.1に示すように支点AE間距離1,350 mmより100〜200 mm長めに切断・加工する．載荷点B，Dおよび支点A，Eは，応力集中による局部座屈を防ぐために厚さ6 mmの鋼板によるスチフナーで補強する．鋼材の断面性能を表12.1に，機械的性質の一例を表12.2に示す．

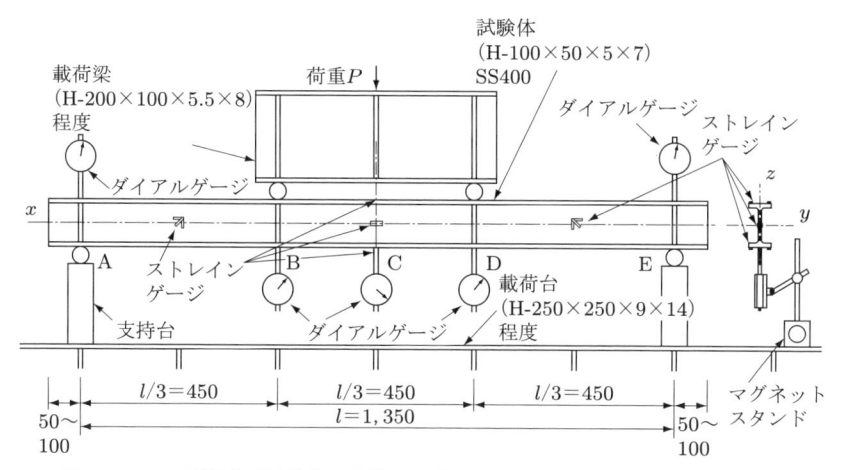

図 12.1 H形鋼曲げ試験体の形状・寸法および載荷・測定方法［単位：mm］

表 12.1 H形鋼の断面性能（JIS G 3192）

鋼材寸法	断面積 [cm^2]	断面2次モーメント I [cm^4]		断面2次半径 i [cm]		断面係数 Z [cm^3]		塑性断面係数 Z_P [cm^3]		形状係数 $f = Z_P/Z$	
	A	I_y	I_z	i_y	i_z	Z_y	Z_z	Z_{Py}	Z_{Pz}	f_y	f_z
H-100×50×5×7	11.85	187	14.8	3.98	1.12	37.5	5.91	44.1	9.52	1.17	1.61

表 12.2 H形鋼の機械的性質の一例（JIS G 3101）

	降伏点 σ_Y [N/mm^2]	引張強さ [N/mm^2]	伸び率 [%]
SS400のJIS規格値	245以上	400〜510	17以上
引張試験結果*	347	453	40

* ミルシートによる値でもよい

（2） 実験器具・装置

1) 試験体の寸法測定：ノギスを使用する．
2) たわみの測定：ダイアルゲージ（ストローク：50 mm以上）を使用する．
3) ひずみの測定：ワイヤーストレインゲージおよびディジタルひずみ測定装置を使用する．多点測定の場合は必要に応じてスイッチボックスも使用する．

4）試験機：アムスラー型万能試験機あるいはアムスラー型圧縮試験機を使用する．最大容量は 200 kN 程度で十分であるが，ベッドが短い場合は図 12.1 に示すように試験体に比べ曲げ変形が無視できる程度の曲げ剛性をもつ H 形鋼（H-250 × 250 × 9 × 14 程度）で載荷台を作る．

実験が理想的な状況で行われれば，B 点と D 点のたわみは同一となるはずであるが，試験機のくせ，載荷点のずれ，試験体の製作誤差などによって必ずしも同一とはならない．たわみを正確に測定するためには，支持点の変位，変形をキャンセルするため支点にもダイアルゲージをつけるか，支点間にアングルなどのバーを渡して，そのバーから測定点にダイアルゲージをつける（図 10.6 参照）．

（3）　実験方法

図 12.1 に示すように，BD 間が純曲げとなるように梁の両端部を支点とし，H 形鋼（H-200 × 100 × 5.5 × 8 程度）を介して $l/3$ 点において 2 点集中荷重 $P/2$ を載荷する．載荷方法は一方向単調漸増載荷あるいは片振漸増繰返し載荷のいずれかとする．たわみ測定点は，最大たわみが得られる梁中央部（C 点）および載荷点（B 点と D 点）とする．ひずみ測定点は，梁中央部の上下フランジ，ウェブ中央表面とする（図 12.2 参照．ゲージの貼り方については 2.2 節参照）．鋼材はひずみ能力が大きいので塑性ひずみゲージを使用するとよい．なお，せん断ひずみを測定する場合には，せん断区間（AB 間，DE 間）のウェブ中央表面に 3 軸ゲージを貼付する．実験状況を写真 12.1 に示す．

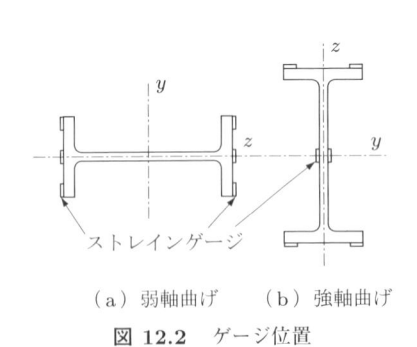

（a）弱軸曲げ　　（b）強軸曲げ
図 12.2　ゲージ位置

写真 12.1　実験状況

載荷は弾性域ではゆるやかに行わなければならないが，塑性域に達したのちはやや早くしてもよい．また，載荷中の試験体の状況と終局時の破壊状況はなるべく詳細に記録しておく．

12.3 実験結果の整理方法

1) 試験体断面の実測寸法, JIS 規格寸法, 断面諸特性, 機械的性質などを表にまとめる.
2) 荷重 (P) とたわみ (δ) の関係をグラフにまとめる.
3) 荷重 (P) とひずみ (ε) の関係をグラフにまとめる.
4) 載荷中の状況と破壊状況の記録を整理する.
5) 各種関連理論を用いて結果に対する検討を加え, 考察をまとめる.

12.4 実験結果と関連理論

試験体の断面諸特性のうち, 結果の整理のために必要なものは, 断面各部寸法, 断面積 (A), 断面 2 次モーメント (I_y), (I_z), 断面 2 次半径 (i_y), (i_z), 断面係数 (Z_y), (Z_z), 塑性断面係数 (Z_{Py}), (Z_{Pz}), 形状係数 (f_y), (f_z) などである. これらは実測寸法から求めることもできるが, 鋼材の寸法精度がとくに悪くない限り, 表 12.1 に示した値を用いるとよい.

実験において直接測定できるものは荷重, たわみとひずみである. 試験体の荷重 (P) とたわみ (δ) とは, 試験体のすべての部分が弾性域にあり, かつ横座屈を生じない範囲では比例的な関係にある. 横座屈応力度 (σ_{cr}) は次の式で与えられる.

a) 梁せいが高く薄板の梁の場合:
$$\sigma_{cr} = \frac{\pi^2 E}{(l_b/i_z)^2} \tag{12.1}$$

b) 梁せいが低く厚板の梁の場合:
$$\sigma_{cr} = \frac{0.65 E A_f}{l_b h} \tag{12.2}$$

ここに, E: ヤング係数, l_b: 横座屈長さ (図 12.1 の試験体では, $l_b = l/3$),
i_z: 断面 2 次半径, A_f: 圧縮フランジの断面積, h: 梁せい.

図 12.1 の試験体の場合, 式 (12.2) を適用すると, $\sigma_{cr} = 1036 \text{ N/mm}^2$ が得られる. すなわち, SS400 の降伏点の最小値 $\sigma_Y = 245 \text{ N/mm}^2$ 以下では横座屈が生じないことがわかる. このため, 試験体中央部の純曲げ部の曲げモーメント (M) が降伏曲げモーメント (M_Y) に達する荷重 (P_Y) までは, 試験体は弾性的な挙動を示す.

図 12.3 に試験体の曲げモーメント分布とたわみの関係を示す. 弾性域における試験体中央部のたわみ (δ_C) をモールの定理などを適用して計算すると,

$$\delta_C = \frac{23 P l^3}{1296 E I_y} \tag{12.3}$$

ここに，l：支点 AE 間距離，I_y：断面 2 次モーメント．

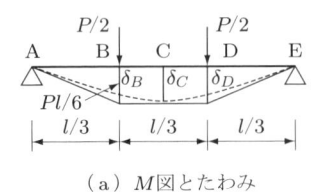

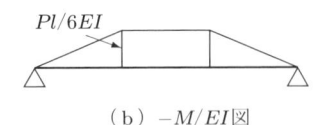

図 12.3 曲げモーメント分布とたわみの関係

となる．載荷点 B, D におけるたわみをそれぞれ δ_B, δ_D とすれば，

$$\delta_B = \delta_D = \frac{5Pl^3}{324EI_y} \tag{12.4}$$

となる．

荷重が 0 から崩壊荷重 (P_C) に達するまでの純曲げ部における試験体断面内の仮定応力分布は図 12.4 に示すようになるが，実際の応力分布もフランジ面に関してはこれとほとんど同一となる．図 12.4 に示すような応力分布の変化はストレインゲージによって測定されたひずみ ε を用いて推定できる．本試験体における荷重とひずみの関係は弾性域で次のようになる．

試験体中央部の曲げモーメント (M) は $Pl/6$ であるから，引張側フランジの縁応力 $_t\sigma_b$ は次式で示される．

$$_t\sigma_b = \frac{M}{Z_y} = \frac{Pl/6}{Z_y} = \frac{Pl}{6Z_y} \tag{12.5}$$

ここに，Z_y：断面係数．

同様にして圧縮側フランジの縁応力 ($_c\sigma_b$) は，

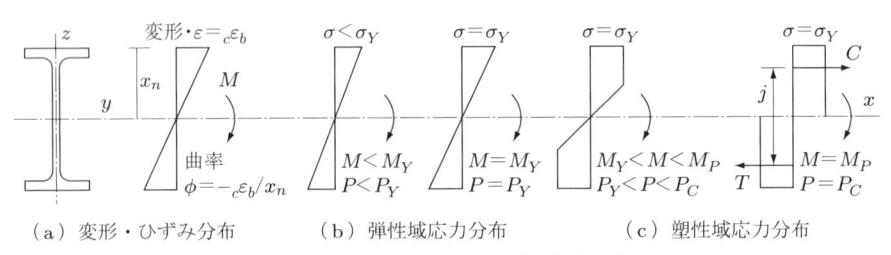

図 12.4 試験体断面内の変形・ひずみと応力分布の変化

$$_c\sigma_b = -\frac{Pl}{6Z_y} \tag{12.6}$$

となる．弾性域ではフックの法則 $\sigma = E\varepsilon$ が成立するので，

$$_t\sigma_b = E_t\varepsilon_b, \quad _c\sigma_b = E_c\varepsilon_b \tag{12.7}$$

これらを式 (12.5)，(12.6) に代入し，

$$_t\varepsilon_b = \frac{Pl}{6EZ_y}, \quad _c\varepsilon_b = -\frac{Pl}{6EZ_y} \tag{12.8}$$

が得られる．これが荷重 (P) とストレインゲージによって測定できる引張側フランジの縁ひずみ ($_t\varepsilon_b$) および圧縮側フランジの縁ひずみ ($_c\varepsilon_b$) との関係式である．

曲率もストレインゲージの測定結果より求めることができる．梁の曲率 ϕ は次式で示される．

$$\phi = \frac{M}{EI} \tag{12.9}$$

フランジ表面に貼ったストレインゲージによって得られる上フランジ引張ひずみ ($_t\varepsilon_b$) および下フランジ圧縮ひずみ ($_c\varepsilon_b$) から曲率を求めるには次式を用いる．

$$\phi = \frac{_t\varepsilon_b}{x_n} = -\frac{_c\varepsilon_b}{x_n} \tag{12.10}$$

ここに，x_n：中立軸からの距離．

弾性域においては，x_n は H 形鋼の梁せい H の 1/2 としてよいから，

$$\phi = \frac{_t\varepsilon_b}{H/2} = -\frac{_c\varepsilon_b}{H/2} \tag{12.11}$$

となる．

荷重が降伏荷重 (P_Y) に達すると試験体の弾性的挙動は失われ，曲げ剛性は低下し始める．このときの断面の降伏曲げモーメント (M_Y) は次式で示される．

$$M_Y = \sigma_Y Z_y \tag{12.12}$$

ここに，σ_Y：鋼材の降伏点．

純曲げ部における降伏曲げモーメント (M_Y) は $P_Y l/6$ であるから，降伏荷重 (P_Y) は，

$$P_Y = \frac{6\sigma_Y Z_y}{l} \tag{12.13}$$

で与えられる．さらに荷重を増加させると純曲げ部の曲げモーメント M は，図 12.4(c) に示すように全塑性曲げモーメント (M_P) は，

$$M_P = \sigma_Y Z_{Py} \tag{12.14}$$

ここに，Z_{Py}：塑性断面係数．

塑性断面係数 (Z_{Py}) は，部材の全断面が降伏した状態にあるときの断面係数であり，図 12.4 (c) 右図の力の釣合い $M_P = C \times j = T \times j$ と式 (12.14) より求まる．また，

断面係数 (Z_y) と塑性断面係数 (Z_{Py}) の比を形状係数といい，$f_y = Z_{Py}/Z_y$ で表す．なお，H 形鋼の形状係数 (f_y) の値は，通常 1.10〜1.20 である．

このときの荷重を P_C とすれば，全塑性曲げモーメント (M_P) は $P_C l/6$ であるから，

$$P_C = \frac{6\sigma_Y Z_{Py}}{l} \tag{12.15}$$

となる．以後，荷重は増加せず変形だけが増加し，かなりの大変形を生じたのち，局部座屈を生じ，さらに横座屈が発生して試験体は崩壊する．すなわち，P_C は崩壊荷重に相当する．以上の関係を図 12.5 および図 12.6 に示す．

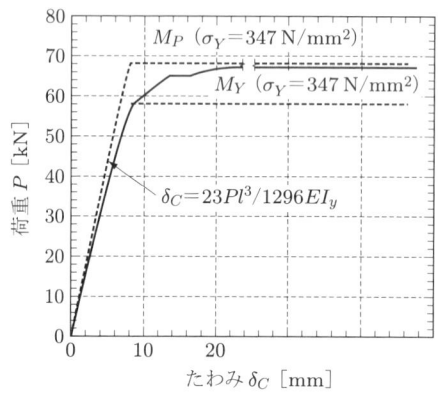

図 12.5 試験体中央部 C 点のたわみ δ_C

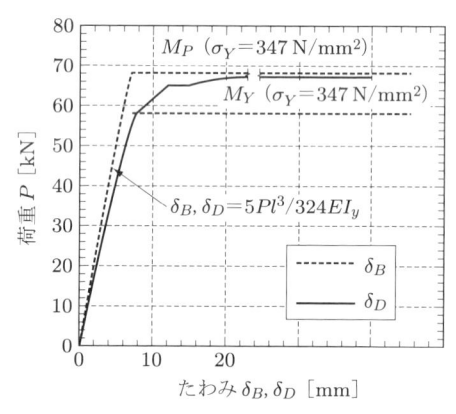

図 12.6 載荷点 B, D のたわみ δ_B, δ_D

荷重が増加し，上フランジ圧縮応力 ($_c\sigma_b$) および下フランジ引張応力 ($_t\sigma_b$) が降伏点 (σ_Y) に達したのちはひずみは大きくなるが，$_c\sigma_b$ および $_t\sigma_b$ は一定値 σ_Y を保ったままである．これらの関係を図 12.7 に，また横座屈の状況を写真 12.2 に示す．

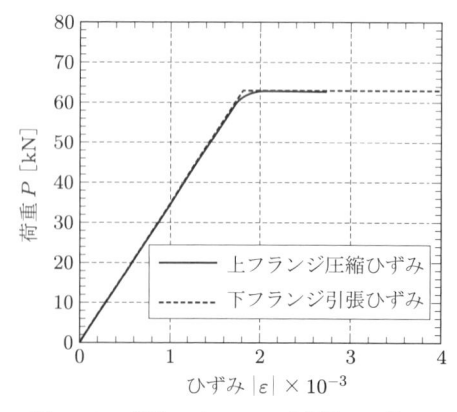

図 12.7 荷重 P とフランジ表面のひずみ $|\varepsilon|$ の関係

写真 12.2 横座屈の状況

試験体の塑性変形能力を示す指標として，じん性率 (μ) を用いると便利である．じん性率 (μ) は図 12.8 に示すように，試験体中央の純曲げ部における最大曲げモーメント ($M_{\max}$) における回転角 ($\theta_{\max}$) と全塑性モーメント (M_P) に達したときの回転角 (θ_P) の比で表される．すなわち，

$$\mu = \frac{\theta_{\max}}{\theta_P} \tag{12.16}$$

である．

$$\theta_{\max} = \frac{8\delta_{\max}}{l_b}, \quad \theta_P = \frac{M_P l_b}{EI_y} \tag{12.17}$$

ここに，$\theta_{\max}$ は，θ_P に達してからかなりの変形ののちに得られる値であるが，この変形量は横方向細長比 (l_b/i_z) が小さいものほど大きい．$\mu \geqq 5$ であれば十分な変形能力があるとみてよいであろう．

$$\theta = \frac{8\delta_b}{l_b}, \quad \delta_b = \delta_c - \frac{\delta_B + \delta_D}{2}, \quad \delta_b = \frac{M l_b^2}{8EI_y}$$

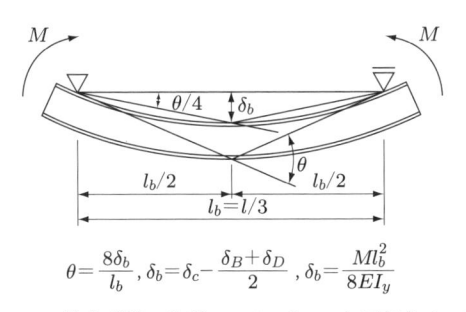

図 12.8 純曲げ部の曲げモーメント M と回転角 θ の関係

横座屈強度 (M_{cr}) と全塑性曲げモーメント (M_P) の関係は，曲げ応力算定のための断面性能 $l_b h/A_f$ によって変化する．次の式は，日本建築学会の鋼構造塑性設計指針に記述されている SS400 材に対する横座屈強度式である．

$$0 \leqq \frac{l_b h}{A_f} \leqq 300: \quad \frac{M_{cr}}{M_P} = 1 \tag{12.18}$$

$$300 \leqq \frac{l_b h}{A_f} \leqq 1000: \quad \frac{M_{cr}}{M_P} = 1 - 0.00071 \left(\frac{l_b h}{A_f} - 300 \right) \tag{12.19}$$

$$\frac{l_b h}{A_f} > 1000: \quad \frac{M_{cr}}{M_P} = \frac{500}{l_b h/A_f} \tag{12.20}$$

ここに，l_b：横方向補剛材の長さ（図 12.1 の試験体では純曲げ部の長さ $l_b = l/3$），
h：梁せい，A_f：圧縮フランジの断面積．

これらの式は設計式であるが，ほぼ実験値を表すことができる．図 12.1 の試験体では $l_b h/A_f = 128$ であるため，$M_{cr} = M_P$ となる．

演習問題

1. モールの定理，弾性曲線式，仮想仕事の原理を用いて，式 (12.3), (12.4) を誘導せよ．
2. H-$100 \times 50 \times 5 \times 7$ (SS400) 材において，式 (12.2) を用い，降伏点に等しい座屈応力で横座屈を生じる場合の横座屈長さ l_b を求めよ．
3. H-$200 \times 100 \times 5.5 \times 8$ (SS400, SM490A, B) の降伏曲げモーメント (M_Y) および全塑性曲げモーメント (M_P) を求めよ．
    ただし，$\sigma_Y = 245$ N/mm^2 (SS400), 325 N/mm^2 (SM490A, B),
    $Z_y = 181$ cm^3, $Z_{P_y} = 205$ cm^3
    としてよい．

IV. 木材に関する試験

13 木材の圧縮試験方法

　木材は，工業製品であるコンクリートや鉄鋼と異なり，天然材料である．このため，同じ樹種であっても性質のばらつきが大きく，工学的な観点からは使用しづらいと評される．しかし，1つ1つ異なる表情や手触りがあり，その暖かみや柔らかさは他の材料にはないものである．さらに，ばらつきはあるものの，その力学的な性質は，表13.1に示すように，決してコンクリートや鉄鋼に劣るものではない．条件によってもさまざまであるが，木材の圧縮強さは一般的なコンクリートと同等であり，比強度（強度／単位質量）については鉄鋼にも劣らない．つまり木材は，軽く強度のある材料であり，日本においては入手しやすい優れた材料なのである．

表 13.1　コンクリート，鉄鋼，木材の比強度の概略値

項目	コンクリート	鉄鋼	木材
単位質量 [g/cm^3]	2.3～2.4	7.85	0.5～0.9
圧縮強度 [N/mm^2]	18～60	240～500	50～120
比強度の概略値	10～30	40	100～200

　本章では，以上のような特徴をもつ木材について，構造材料として重要な性質である圧縮強度の試験方法と，それに関連する含水率等の試験方法について学ぶ．また，これらとともに，木材の基本的な性質についても説明する．

13.1　木材の特徴および試験方法

（1）　木材の特徴

　写真13.1は，木材の断面を示したものである．木の成長する方向は，繊維方向と呼ばれる．これに直角に切ると年輪が現れ，この面は木口面と呼ばれる．一方，繊維方向に平行に切ると，切る方向によって面の状態が変わる．年輪の半径方向に切った面を柾目面といい，表面には繊維がまっすぐ現れる．一方，年輪の接線方向に切った面

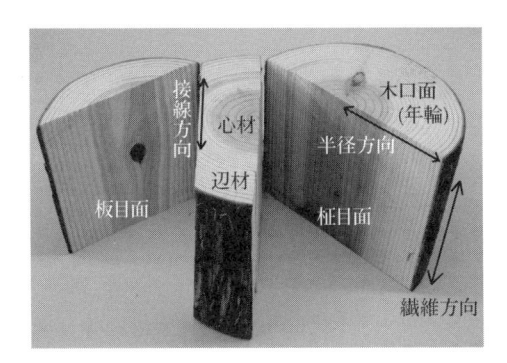

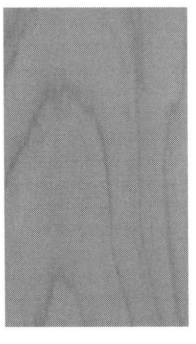

写真 13.1　木材の模式図　　　　写真 13.2　木材の断面
(a) 板目　(b) 柾目

は板目面といい，表面には山形や，不規則な形の木目が現れる．これらの面の例を写真 13.2 に示す．

このように，木材は切る方向によって表面状態が異なるため，力を受けた場合の変形量や耐力も異なる．方向によって性質が変わることを異方性といい，木材は異方性をもつ代表的な材料である．このため，木材の各種の試験を行う際には方向を把握した上で実験を行う必要がある．

（2）木材の試験方法

木材の試験方法については，表 13.2 に示すような内容が JIS Z 2101 にまとめて規定されている．本章では，これらの試験項目のうち，木材の性質として重要な圧縮試験について述べるとともに，同時に測定すべき平均年輪幅，含水率および密度の測定方法について説明する．

表 13.2　木材の試験項目

(1)	平均年輪幅，含水率および密度の測定	(9)	割裂試験
(2)	収縮率試験	(10)	衝撃曲げ試験
(3)	吸水量試験	(11)	硬さ試験
(4)	吸湿性試験	(12)	クリープ試験
(5)	圧縮試験	(13)	くぎ引抜き抵抗試験
(6)	引張試験	(14)	摩耗試験
(7)	曲げ試験	(15)	耐朽性試験
(8)	せん断試験	(16)	着炎性試験

13.2 木材の圧縮試験

（1） 試験目的

この試験の目的は，建築物に使用される木材の圧縮強さを測定することである．

圧縮強さは，材料の基本的な性質であり，木材においては，建物の柱に使用された際に圧縮力を受ける状態となるため，その把握が必要となる．しかし，木材は，荷重方向によって強さが大きく変化するため，JIS Z 2101 の木材試験においては，繊維方向と平行に荷重をかける縦圧縮試験と，繊維方向と垂直に荷重をかける横圧縮試験，横圧縮試験において一部分にのみ荷重をかける部分圧縮試験が規定されている．

建築物において木材が圧縮力を受ける場合は，繊維方向と平行方向に荷重がかかるように用いられるため，写真 13.3 (a) に示すような試験体を用いる縦圧縮試験が最も重要である．ただし，横圧縮試験についても，写真 13.3 (b) に示すように，試験体が変わるのみでほぼ同様であるため，ここでは両者を併せて述べる．

(a) 縦圧縮試験用試験体　　　(b) 横圧縮試験用試験体

写真 13.3　木材の試験体の例

また，木材の圧縮試験においては，圧縮試験結果のみならず，木材の基本的な性質である平均年輪幅や含水率および密度を測定することが望ましい．このため，それらの測定方法も述べながら圧縮試験の手順を説明していく．

（2） 試験方法

（a） 使用機器

圧縮試験機としては，一般にはアムスラー型または万能試験機が用いられる．ひずみの測定は，木材用のワイヤーストレインゲージを用いる方法や，標点距離が長い場合は専用の道具を用いる方法もある．その他には，平均年輪幅を測定するためのノギスや，質量を測定するためのはかりを用いる．

（b） 試験体

　圧縮試験においては，図 13.1 に示すように，載荷面が正方形の直方体を用いる．その寸法は，載荷面の正方形の一辺の長さ (a) を 20～40 mm とし，高さ (h) は，$2a$～$4a$ とする．縦圧縮試験においては，図 13.1 (a) に示すように，高さ方向と繊維方向が平行となるように木材を加工するため，木口面が載荷面となる．一方，横圧縮試験においては，図 13.1 (b) に示すように，高さ方向と繊維方向が直角となるように加工する．この場合，載荷面は，板目面または柾目面となる．これら載荷方向の相違によって，圧縮強さは非常に異なる．また，いずれにおいても，載荷面が，高さ方向に垂直でありかつ上下面が平行である必要がある．

（a）縦圧縮試験用試験体　　　　（b）横圧縮試験用試験体

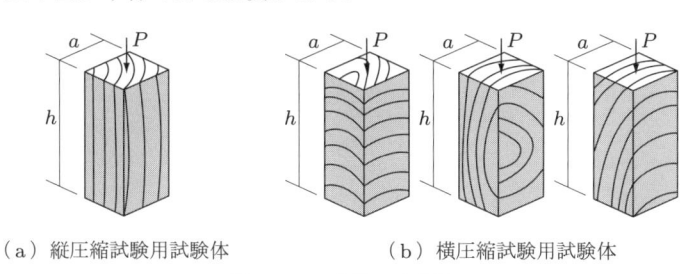

図 13.1　木材の試験体

　試験体の個数は，各試験につき原則として 12 個以上と定められている．これは，木材においてはそのばらつきが非常に大きいためであり，さらに，試験体には節，きず，割れなどの欠点が含まれないように，その木材を代表するようにする必要がある．

　また，木材は試験体の条件によってその性質が大きく変わるため，JIS においては，標準状態の試験と気乾状態の試験が定められている．標準状態は，温度 $20 \pm 2°C$，湿度 $65 \pm 5\%$ の条件下で，含水率を $12 \pm 1.5\%$ に調整したものを用いる．一方，気乾状態は，温度 15～25°C，湿度が 60～80% であり，この場合の試験体の含水率は，11～17% とされている．温湿度および含水率を測定したうえで実験を行う必要がある．

（c） 試験方法

1) 試験体の観察および寸法測定　　試験体の状況，特徴などを観察し，スケッチ，写真などで記録する．試験体の載荷面の長さを 3 辺 a_1, a_2, h [mm] すべて測定し，断面積 A [mm^2] および体積 V [cm^3] を求める．また，密度および含水率の計算のために，質量 m_1 [g] も測定しておく．また，平均年輪幅の測定を行う．図 13.2 に示す部分の幅 x [mm] と年輪数 n を両木口面上において測定する．ただし，場合によっては片方の木口面上だけでもよい．

2) 試験体の準備　　試験中，ひずみの測定を行う場合は，試験体の両端から辺長

a の 1/2 以上離れた領域において標点距離 L [mm] を定めて行う必要がある．一般的には第 2 章で述べたワイヤーストレインゲージを用いる．

3) 載荷　　写真 13.4 のように，試験体を鋼製平板の間に挟んで荷重を加え，最大荷重 P [kN] を測定する．なお，必要に応じ鋼製平板に球座を設ける．平均載荷速度は，縦圧縮試験で毎分 9.80 N/mm^2 以下，横圧縮試験においては，軟材で毎分 0.49 N/mm^2 以下，硬材で毎分 1.47 N/mm^2 以下とする．なお，横圧縮試験には，明確な最大荷重がなく，載荷を続ければ荷重がさらに増大する場合もあるので，そのような場合は途中で試験をうち切ることが多い．

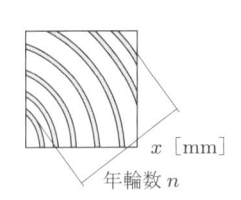

図 13.2　年輪幅の測定

写真 13.4　圧縮試験の状況

4) 試験後　　載荷後の試験体を，乾燥器の中で温度 100〜105°C で乾燥させ，恒量に達したときの質量 m_2 [g] を測定する．

（3）試験結果の整理方法

まず，圧縮試験後の試験体の破壊状況を観察し，スケッチ，写真などで記録する．写真 13.5 は，破壊状況の例を示したものである．縦圧縮試験においては，繊維が部分的に座屈することで破壊することが多いのに対して，横圧縮試験では，年輪の方向にもよるが，年輪の柔らかい春材の部分がつぶれていくため，全体が小さくなったように破壊することが多い．

（a）圧縮強さ

圧縮試験結果は，以下の式によって算出する．

$$\text{縦圧縮強さ} \qquad \sigma_c = \frac{P}{A} \tag{13.1}$$

$$\text{縦圧縮比例限度} \qquad \sigma_{cp} = \frac{P_p}{A} \tag{13.2}$$

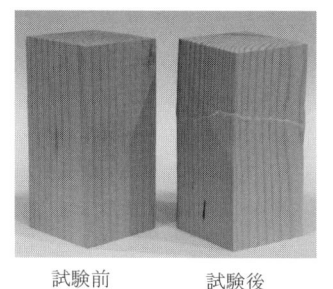

試験前	試験後	試験前	試験後

(1) 縦圧縮試験体 　　　　　(2) 横圧縮試験体

写真 13.5　圧縮試験後の破壊状況

$$縦圧縮ヤング係数 \quad E_c = \frac{\Delta P \cdot L}{\Delta L \cdot A} \tag{13.3}$$

ここに，σ_c：縦圧縮強さ [N/mm^2]，P：最大荷重 [N]，A：断面積 [mm^2]，
　　　　σ_{cp}：縦圧縮比例限度 [N/mm^2]，P_p：比例限度荷重 [N]，
　　　　E_c：縦圧縮ヤング係数 [N/mm^2]，
　　　　ΔP：比例域における上限荷重と下限荷重との差 [N]，
　　　　L：標点距離 [mm]，ΔL：ΔP に対応する変位（縮み）[mm]

縦圧縮試験の荷重–変位曲線の例を図 13.3 (a) に示す．ひずみを測定した後，このような荷重–変位曲線を描き，それを元に上限荷重と下限荷重を求め，上記の式中の P_p, ΔP, ΔL を求める必要がある．

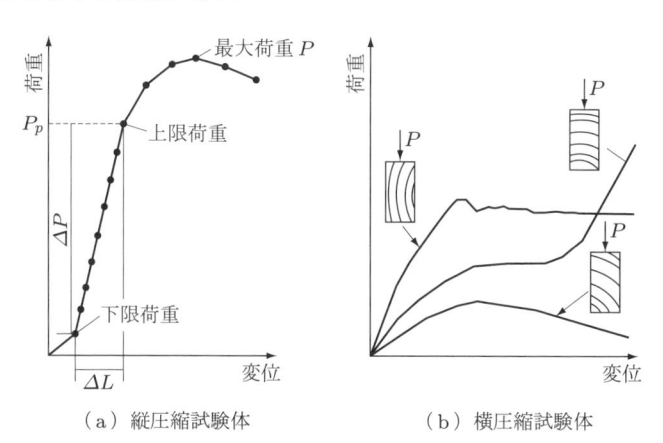

(a) 縦圧縮試験体　　　　　(b) 横圧縮試験体

図 13.3　荷重–変位曲線
(間宮靖郎 他：建築実習 1，実教出版)

また，横圧縮試験の荷重–変位曲線は，図 13.3 (b) に示すような形になり明確な最

大荷重が得られないため，比例限度荷重を横圧縮比例限度として以下の式で結果を算出する．

$$\sigma_{\text{cp}90} = \frac{P_p}{A} \tag{13.4}$$

横圧縮比例限度

$$E_{\text{c}90} = \frac{\Delta P \cdot L}{\Delta L \cdot A} \tag{13.5}$$

横圧縮ヤング係数

ここに，$\sigma_{\text{cp}90}$：横圧縮比例限度 [N/mm^2]，P_p：比例限度荷重 [N]，
A：断面積 [mm^2]，$E_{\text{c}90}$：横圧縮ヤング係数 [N/mm^2]，
ΔP：比例域における上限荷重と下限荷重との差 [N]，
L：標点距離 [mm]，ΔL：ΔP に対応する変位（縮み）[mm]

(b) 平均年輪幅

平均年輪幅は mm で表し，以下の式によって小数点以下 1 位まで求める．

$$r = \frac{x}{n} \tag{13.6}$$

ここに，r：平均年輪幅 [mm]，x：幅 [mm]，n：年輪の数

(c) 含水率

含水率は以下の式によって 0.5% まで求める．

$$u = \frac{m_1 - m_2}{m_2} \times 100 \tag{13.7}$$

ここに，u：含水率 [%]，m_1：乾燥前の試験体の質量 [g]，
m_2：乾燥後の試験体の質量 [g]

(d) 密度

密度は以下の式によって算出し，小数点以下 2 位まで求める．

$$\rho = \frac{m_1}{V} \tag{13.8}$$

ここに，ρ：密度 [g/cm^3]，m_1：乾燥前の試験体の質量 [g]，
V：質量測定時の試験体の体積 [cm^3]

(4) 参考資料

(a) 強度性質

木材の強度は，樹種，樹齢，平均年輪幅，含水率，密度，節やきずの有無，加力方向などによって変化する．このため，試験時には，これらの要因を記録しておくことが重要になる．

表 13.3 は，加力方向を変えたときの強度の比率を示したものである．この表からもわかるように，横方向の圧縮強度は，縦方向の圧縮強度に比較して 1/5〜1/10 になる．

また，縦方向の引張強度は，コンクリートと異なり，圧縮強度に比較して 3〜4 倍の値を示す．

一方，表 13.4 は，樹種別に定められている各木材の基準強度（平成 12 年度建設省告示 1452）である．この基準強度は，構造計算を行う際の許容応力度の基準となるもので，引張強度が圧縮強度より小さいなど，表 13.3 に示した実際の木材の強度とは比率が異なっているのがわかる．これは，基準強度が木材の強度のばらつきを配慮した構造計算上の許容値であり，実際の強度を示した値ではないためである．

表 13.3　木材の強度比と加力方向 (縦圧縮強度を 100 とした場合)

強度＼加力方向	縦方向の強度（繊維に平行）	横方向の強度（繊維に直角）
圧縮強度	100	10〜20
引張強度	200〜300	3〜7
曲げ強度	150〜200	10〜20
せん断強度	15〜20	—

表 13.4　各木材の基準強度 (無等級材：N/mm^2)

	あかまつ	ひのき	べいつが	すぎ	かし
圧縮強度	22.2	20.7	19.2	17.7	27.0
引張強度	17.7	16.2	14.7	13.5	24.0
曲げ強度	28.2	26.7	25.2	22.2	38.4
せん断強度	2.4	2.1	2.1	1.8	4.2

(b) 平均年輪幅

平均年輪幅は，年輪の間隔を測定したものであり，1 つ 1 つの年輪の幅を示す値である．この値は，春季に成長する春材部分と，秋季に成長する秋材部分の比率にもより，成長の早さを示す尺度ともなり，木材の性質に影響を及ぼす．

(c) 含水率

含水率は，木材の圧縮強さに大きな影響を及ぼし，図 13.4 に示すように，含水率 30% 以下になると圧縮強さが大きく増大する．一般には，木材の強度は含水率 15% の時の値で表すため，含水率を測定することは重要である．

木材が含む水分には，細胞間隙に含まれる自由水と，細胞膜そのものに結合している結合水がある．木材を乾燥させると，自由水が初めになくなり，次に結合水がなくなる．この自由水がなくなった含水状態を繊維飽和点と呼び，含水率にして約 30% である．これ以上乾燥させると，結合水がなくなっていき，徐々に強さが上昇していく．

本実験で述べた含水率の測定方法は，試験体を完全に乾燥させて測定を行うものであるが，木材が実際に使用されている状態などでは，このような測定ができない．そのような場合には，写真13.6に示すような木材水分計を用いる．これは，木にあてるだけで含水率が測定できるものである．測定の方法には，電気抵抗式，高周波式などがあり，電気的な性質を利用したものが多く，多少の誤差が生じる．

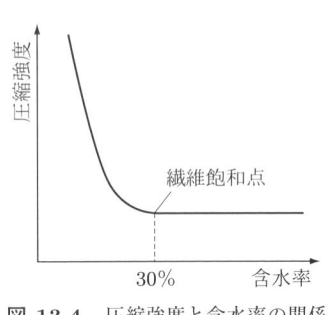

図 13.4 圧縮強度と含水率の関係

写真 13.6 木材水分計

（d） 密度

木材の密度は，樹種によっても異なり，含水率によっても異なる．このため，木材において一般に示される密度は，含水率が15%のときの気乾密度である．なお，木材の空隙部分を含まない実質部分の密度は，樹種によらずおよそ1.5と一定である．つまり，木材の見かけの密度は，木材の細胞間隔によって決定される値である．一般に，密度の大きい樹種は強度も高い．

演習問題

1. 構造材料としてみた場合の木材の特徴を説明せよ．
2. 木材の切断方向の相違によって現れる3面について，その特徴を示せ．
3. 木材強度が載荷方向によって変わる理由を考察せよ．
4. 含水率によって木材の強度がどのように変化するか説明せよ．
5. 木材の実際の強度と基準強度に相違がある理由を考察せよ．

演習問題解答

(計算問題のみ)

第 3 章

2. 棄却できない．
3. 母平均 (μ) および母分散 (σ^2) の点推定値は，それぞれ 27.9 N/mm^2 および 3.02 (N/mm^2)^2 である．母平均 (μ) の 95%信頼区間は，$\mu = 27.9 \pm 1.08$ N/mm^2 である．
4. $F_{28} = 27.7C/W - 20.7$
5. 相関係数 $CR = 0.995$

第 5 章

2. 吸水率 $= \dfrac{1,012 - 994}{994} \times 100 = 1.81$ %

   含水率 $= \dfrac{1,035 - 994}{994} \times 100 = 4.12$ %

   表面水率 $= \dfrac{1,035 - 1,012}{1,012} \times 100 = 2.27$ %

3. 粗粒率 $= \dfrac{100 + 100 + 100 + 100 + 100 + 100 + 97 + 29}{100} = 7.26$

   最大寸法：25 mm

5. 単位容積質量 $= \dfrac{16.59}{10} = 1.66$ kg/L

   実積率 $= \dfrac{1.66}{2.66} \times 100 = 62.4$ %

   空隙率 $= 100 - 62.4 = 37.6$ %

第 6 章

3. (a) 水：1.0 g/cm^3，セメント：3.15 g/cm^3，細骨材：2.55 g/cm^3，
   粗骨材：2.60 g/cm^3
   (b) 水セメント比 $= 54\%$（または 0.54）
   (c) 細骨材率 $= 44.9\%$
4. 1) 調合管理強度 (F_m) の決定

   条件より $F_c = 21$ N/mm^2，また，表 6.3 より，$F_d = 24$ N/mm^2

   F_q は F_c と F_d のうち大きい方より，$F_q = F_d = 24$ N/mm^2

   表 6.4 より，本条件では $_{28}S_{91} = 3$ N/mm^2

   式 (6.1) より，$F_m = 24 + 3 = 27$ N/mm^2　　よって，F_m は 27 N/mm^2

2) 調合強度 (F) の決定

条件より，工事現場練りであり，実績は不明であるので，$2.5\ \mathrm{N/mm^2}$ または $0.1\ F_m$ の大きい方の値より標準偏差 σ を決定する．

$$0.1 F_m = 2.7\ \mathrm{N/mm^2}$$

以上より，ここでは大きい方の値である $\sigma = 2.7\ \mathrm{N/mm^2}$ を採用する．

式 (6.2) より，$F = 27 + 1.73 \times 2.7 \fallingdotseq 31.7\ \mathrm{N/mm^2}$

式 (6.3) より，$F = 0.85 \times 27 + 3 \times 2.7 = 31.1\ \mathrm{N/mm^2}$

大きい方を採用するため，F は $31.7\ \mathrm{N/mm^2}$

3) 水セメント比 (W/C) の決定

式 (6.4) より，$x = 51/[(31.7/61.3) + 0.31] \fallingdotseq 62\ \%$

この場合，W/C が 65 % という条件も満足している．

4) 単位水量 (W) の決定

式 (6.6) より，スランプが 18 cm で砕石を使用した場合，単位水量 (W) は，W/C が 62 % の時は $178\ \mathrm{kg/m^3}$ となる．この場合，単位水量が $185\ \mathrm{kg/m^3}$ という条件も満足している．

5) 単位セメント量 (C) の決定

$$C = (178/62) \times 100 \fallingdotseq 287\ \mathrm{kg/m^3}, \quad V_c = 287/3.15 \fallingdotseq 91\ \mathrm{L/m^3}$$

6) 単位粗骨材量 (G) の決定

スランプが 18 cm で砕石を用いる場合，単位粗骨材量は以下のようになる．

表 6.5 より，単位粗骨材かさ容積 $= 0.62\ \mathrm{m^3/m^3}$

$V_G = 0.62 \times 59.4 \times \dfrac{1000}{100} \fallingdotseq 368\ \mathrm{L/m^3}$,

$G = 368 \times 2.60 \fallingdotseq 958\ \mathrm{kg/m^3}$ (表乾状態)

7) 単位細骨材量 (S) の決定

$$V_S = 1000 - (178 + 91 + 368 + 45) = 318\ \mathrm{L/m^3},$$
$$S = 318 \times 2.55 = 811\ \mathrm{kg/m^3}\ (表乾状態)$$

8) 細骨材率 (s/a) の算定および補正

$$s/a = \dfrac{318}{(318 + 368)} \times 100 \fallingdotseq 46\ \%$$

s/a を $+1$ % 補正する ($46 + 1 = 47$ %) より，細骨材の増加量（容量）u は以下のようになる．

$u = (318 + 368)/100 = 6.86\ \mathrm{L/m^3}$

補正後の $V_S = 318 + 6.86 \fallingdotseq 325\ \mathrm{L/m^3}$,

補正後の $V_G = 368 - 6.86 \fallingdotseq 361\ \mathrm{L/m^3}$

補正後の $S = 811 + 2.55 \times 6.86 \fallingdotseq 828\ \mathrm{kg/m^3}$

補正後の $G = 958 - 2.60 \times 6.86 \fallingdotseq 940 \text{ kg/m}^3$

9) 混和剤量の決定

本調合設計例では，混和剤として AE 減水剤を用い，「標準添加率はセメント質量の 0.5%とする」という条件より，以下のようになる．

$$A_\text{d} = 287 \times 0.5/100 \fallingdotseq 1.44 \text{ kg/m}^3$$

10) 塩化物イオン量の確認

使用材料の塩化物イオン含有率(例題中の使用材料参照)と単位量から算定される 1 m³ 当たりの塩化物イオンの含有量は以下のとおりである．

- 細骨材：NaCl 含有率 0.001%，単位細骨材量 $S = 828 \text{ kg/m}^3$ より，
$$828 \times \frac{0.001}{100} \times \frac{60}{100} = 0.00497 \text{ kg/m}^3$$
(ここで，NaCl 中の塩化物イオンの質量割合は 60%とする)

- セメント：Cl⁻ 含有率 0.017%，単位セメント量 $C = 287 \text{ kg/m}^3$ より，
$$287 \times \frac{0.017}{100} = 0.0488 \text{ kg/m}^3$$

- 水*：Cl⁻ 含有率 200 ppm (=0.02%)，単位水量 $W = 178 \text{ kg/m}^3$ より，
$$178 \times \frac{0.02}{100} = 0.0356 \text{ kg/m}^3$$

以上より，各材料中の塩化物イオン量を合計すると，

$$0.00497 + 0.0488 + 0.0356 = 0.0894 \text{ kg/m}^3 \leqq 0.30 \text{ kg/m}^3 : \text{規定値}$$

よって，本調合の塩化物イオン量は既定値以下である．

品質基準強度 [N/mm²]	調合管理強度 [N/mm²]	調合強度 [N/mm²]	スランプ [cm]	空気量 [%]	水セメント比 [%]	粗骨材最大寸法 [mm]	単位さ粗骨材容積 [m³/m³]	細骨材率 [%]	単位水量 [kg/m³]	絶対容積 [L/m³]			質量 [kg/m³]				化学混和剤の使用量 [C×%]	計画調合上の最大塩化物イオン量 [kg/m³]
										セメント	細骨材	粗骨材	セメント	*細骨材	*粗骨材	混和材		
24	27	31.7	18	4.5	62	20	0.62	47	178	91	325	361	0	287	828	940	0	0.5	0.089

[注] *：表面乾燥飽水状態

第 8 章

4. 圧縮強度 $= \dfrac{385 \times 1000}{\pi \times (150/2)^2} = 21.8 \text{ N/mm}^2$

引張強度 $= \dfrac{2 \times 154 \times 1000}{\pi \times 150 \times 300} = 2.18 \text{ N/mm}^2$

引張強度/圧縮強度 $= 2.18/21.8 = 1/10$

[注]*：水の塩化物イオン含有率は，JIS A 5308 付属書 3「レディーミクストコンクリートの練混ぜに用いる水」に規定されている塩化物イオン量の上限値を用いた．

5. 弾性係数 $= \dfrac{(100-5) \times 1000}{\pi \times 50^2} \cdot \dfrac{1}{(500-50) \times 10^{-6}} \times 10^{-3} = 26.9 \ \mathrm{kN/mm^2}$

第 9 章

2. 前方から 9 個のデータの平均値は，次のようになる．

$$(31 + 33 + 28 + \underline{23} + 35 + 32 + 36 + \underline{40} + 34)/9 = 32.4 \fallingdotseq 32$$

平均値 32 の ±20% は 25.6〜38.4 なので，データ中 23 と 40 を取り除いて，次のデータ 38 と 26 を補う．

$$(31 + 33 + 28 + 35 + 32 + 36 + 34 + \underline{38} + \underline{26})/9 = 32.6 \fallingdotseq 33$$

同様に，平均値 33 の ±20% は 26.4〜39.6 なので，26 を取り除いて次のデータ 27 を補う．

$$(31 + 33 + 28 + 35 + 32 + 36 + 34 + 38 + \underline{27})/9 = 32.7 \fallingdotseq 33$$

全データが，平均値 33 の ±20% 以上ではなく，有効である．したがって，反発度 $R = 33$ となる．

第 11 章

3. 表 11.2 より，D16 の公称断面積は 198.6 $\mathrm{mm^2}$ である．したがって，降伏点は 478 $\mathrm{N/mm^2}$，引張強さは 614 $\mathrm{N/mm^2}$，伸びは 14 ％ となる．

第 12 章

1. モールの定理（図 12.3(b) $-M/EI$ 図参照）

左右対称なので，A 点の反力は $\dfrac{Pl^2}{18EI_y}$ となる．梁中央部 C および載荷点 B，D におけるたわみは，C，B，D における曲げモーメントを求めればよい．

$$\delta_C = \frac{Pl^2}{18EI_y} \cdot \frac{l}{2} - \frac{Pl^2}{36EI_y} \cdot \frac{5l}{18} - \frac{Pl^2}{36EI_y} \cdot \frac{l}{12} = \frac{23Pl^3}{1296EI_y}$$

$$\delta_B = \delta_D = \frac{Pl^2}{18EI_y} \cdot \frac{l}{3} - \frac{Pl^2}{36EI_y} \cdot \frac{l}{9} = \frac{5Pl^3}{324EI_y}$$

弾性曲線式

AB 間 $\left(0 \leqq x \leqq \dfrac{l}{3}\right)$ 　　　　　BC 間 $\left(\dfrac{l}{3} \leqq x \leqq \dfrac{l}{2}\right)$

$EI_y \dfrac{d^2y}{dx^2} = -M = -\dfrac{P}{2}x$ 　　　　$EI_y \dfrac{d^2y}{dx^2} = -M = -\dfrac{Pl}{6}$

$EI_y \dfrac{dy}{dx} = -\dfrac{P}{4}x^2 + C_1$ 　　　　$EI_y \dfrac{dy}{dx} = -\dfrac{Pl}{6}x + C_3$

$EI_y y = -\dfrac{P}{12}x^3 + C_1 x + C_2$ 　　　$EI_y y = -\dfrac{Pl}{12}x^2 + C_3 x + C_4$

境界条件 $x = 0$ で $y = 0$，$x = \dfrac{l}{2}$ で $\dfrac{dy}{dx} = 0$，$x = \dfrac{l}{3}$ で変形が連続することを考慮すると，$C_1 = \dfrac{Pl^2}{18}$，$C_2 = 0$，$C_3 = \dfrac{Pl^2}{12}$，$C_4 = -\dfrac{Pl^3}{324}$ が求まる．したがって，

$$y = \frac{Pl}{EI_y}\left(-\frac{1}{12}x^2 + \frac{l}{12}x - \frac{l^2}{324}\right)$$

$x = \dfrac{l}{2},\ \dfrac{l}{3}$ を代入することにより，梁中央部および載荷点のたわみが求まる．

仮想仕事の原理（梁中央部 C あるいは載荷点 D に単位荷重 1 を作用させる）

AC 間 $\left(0 \leqq x \leqq \dfrac{l}{2}\right)$　AB 間 $\left(0 \leqq x \leqq \dfrac{l}{3}\right)$　BD 間 $\left(\dfrac{l}{3} \leqq x \leqq \dfrac{2l}{3}\right)$　ED 間 $\left(0 \leqq x \leqq \dfrac{l}{3}\right)$

実応力　　$M = \dfrac{P}{2}x,\ \dfrac{Pl}{6}$ 　　　　$M = \dfrac{P}{2}x$ 　　　　　$M = \dfrac{Pl}{6}$ 　　　　　$M = \dfrac{P}{2}x$

仮想応力　$\delta M = \dfrac{1}{2}x$ 　　　　　$\delta M = \dfrac{1}{3}x$ 　　　　　$\delta M = \dfrac{1}{3}x$ 　　　　　$\delta M = \dfrac{2}{3}x$

左右対称であることから梁中央部のたわみは，

$$\delta_C = \frac{2}{EI_y}\left(\int_0^{\frac{l}{3}} \frac{P}{2}x \cdot \frac{1}{2}x\,dx + \int_{\frac{l}{3}}^{\frac{l}{2}} \frac{Pl}{6} \cdot \frac{1}{2}x\,dx\right) = \frac{23Pl^3}{1296EI_y}$$

載荷点 D のたわみは，

$$\delta_D = \frac{1}{EI_y}\left(\int_0^{\frac{l}{3}} \frac{P}{2}x \cdot \frac{1}{3}x\,dx + \int_{\frac{l}{3}}^{\frac{2l}{3}} \frac{Pl}{6} \cdot \frac{1}{3}x\,dx + \int_0^{\frac{l}{3}} \frac{P}{2}x \cdot \frac{2}{3}x\,dx\right) = \frac{5Pl^3}{324EI_y}$$

2. 式 (12.2) より $l_b = \dfrac{0.65EA_f}{\sigma_Y h}$ なので，横座屈長さ $l_b = 190.4$ cm となる．

3. 式 (12.12) および式 (12.14) より，降伏曲げモーメント (M_Y) および全塑性曲げモーメント (M_P) は以下のようになる．

$$\text{SS400}：M_Y = 44.345 \text{ kNmm}^2, \quad M_P = 50.225 \text{ kNmm}^2$$
$$\text{SM490A, B}：M_Y = 58.825 \text{ kNmm}^2, \quad M_P = 66.625 \text{ kNmm}^2$$

参考・引用図書

- 伊藤学，亀田弘行訳：土木・建築のための確率・統計の基礎，丸善，1975
- 中村慶一訳：応用回帰分析，森北出版，1970
- 日本規格協会：JIS Z 8401-1999「数値の丸め方」，2005
- 日本建築学会：建築工事標準仕様書・同解説 JASS 5 鉄筋コンクリート工事，2009
- 日本コンクリート工学協会：コンクリート便覧（第 2 版），技報堂出版，1996
- 谷川恭雄他：構造材料実験法（第 3 版），森北出版，2003
- 谷川恭雄他：建築材料を学ぶ－その選択から施工まで－，理工図書，2009
- 日本建築学会：鉄筋コンクリート造建築物の品質管理および維持管理のための試験方法，2007
- 笠井芳夫：コンクリート総覧，技術書院，1998
- 日本コンクリート工学協会：コンクリート総覧，技報堂出版，1976
- 谷川恭雄 他：鉄筋コンクリート構造－理論と設計－，森北出版，2008
- 日本建築学会：鉄筋コンクリート構造計算規準・同解説，1999
- 日本建築学会：鋼構造塑性設計指針，1975
- 日本建築学会：鋼構造設計規準－許容応力度設計法－，2005
- 日本規格協会：JIS ハンドブック 2008 建築 I
- 日本建築学会：建築材料実験用教材，2008
- 林知行：ウッドエンジニアリング入門，学芸出版社，2004
- 今村祐嗣 他：建築に役立つ木材・木質材料学，東洋書店，1997
- 間宮靖朗 他：建築実習 1，実教出版，2004
- 日本規格協会：JIS Z 8203：2000「国際単位系 (SI) 及びその使い方」

付　録

1. 単位系について

（1）　国際単位系 (SI: Systeme International d'Unites)

　長さ，重さなどの量に関する単位系は，伝統的に各国でばらばらに用いられていたため相互の比較が不便であり，中には同じ単位であっても地域によってばらつきがあることも珍しくなかった．メートル法を中心に整備された国際単位系 (SI) は，これらの単位を客観的に定義し統一するものである．現在では国際標準化機構 (ISO) が定めた ISO 1000: 1992 に基づいて，日本工業規格 JIS Z 8203: 2000 「国際単位系 (SI) 及びその使い方」が制定されている．その主な特徴と注意点を以下に挙げる．

1) 基本単位：付表 1.1 に示すように，メートル (m)，キログラム (kg)，秒 (s) など7つの単位を基本単位とし，他の単位はこれらを組み合わせた組立単位であること．組立単位には，付表 1.2 に示すように固有の名称を持つものがあるが，決して独立の単位ではなく，基本単位による組立て方も併せて把握しておく必要がある．なお，付表 1.3 に示すような単位も当面の併用が認められている．
2) 10進法：10進法で表され（例外：時間），付表 1.4 に示すような接頭語が使用できること．
3) ローマ字：ほとんどがローマ字の直立体で表され（例外：$\ell, \mu, \Omega, ℃$），大文字と小文字を厳密に区別すること（例：× Kg → ○ kg）．また，省略のピリオド記号 (.) を用いないこと（例：× rad. → ○ rad）．数値と記号の間に間隔を空けることも気をつけたい（× 1m → ○ 1 m）．

　なお，JIS Z 8203: 2000 では，応力の単位として圧力と同じく Pa ($1\,\mathrm{Pa} = 1\,\mathrm{N/m^2}$) のみが挙げられているが，材料に関する他の JIS では，応力や応力の一種である材料強度の単位として，$\mathrm{N/mm^2}$ ($1\,\mathrm{N/mm^2}=1\,\mathrm{MN/m^2}=1\,\mathrm{MPa}$) がよく用いられているので注意が必要である．同様に，弾性係数の単位も $\mathrm{N/mm^2}$ や $\mathrm{kN/mm^2}$ ($1\,\mathrm{kN/mm^2}=1\,\mathrm{GPa}$) がよく用いられる．現在，海外の文献ではこれらの SI 単位として MPa, GPa が多く用いられているため，この両者の関係をしっかり把握しておく必要がある．

付表 1.1　SI 基本単位

基本量	名称	記号
長さ	メートル	m
質量	キログラム	kg
時間	秒	s
電流	アンペア	A
熱力学温度	ケルビン	K
物質量	モル	mol
光度	カンデラ	cd

付表 1.2　固有の名称をもつ SI 組立単位

組立量	固有の名称	記号と定義
平面角	ラジアン	$1\ \mathrm{rad} = 1\ \mathrm{m/m}$
立体角	ステラジアン	$1\ \mathrm{sr} = 1\ \mathrm{m^2/m^2}$
周波数・振動数	ヘルツ	$1\ \mathrm{Hz} = 1\ \mathrm{s^{-1}}$
力	ニュートン	$1\ \mathrm{N} = 1\ \mathrm{kg \cdot m/s^2}$
圧力・応力	パスカル	$1\ \mathrm{Pa} = 1\ \mathrm{N/mm^2}$
エネルギー・仕事・熱量	ジュール	$1\ \mathrm{J} = 1\ \mathrm{N \cdot m}$
仕事率	ワット	$1\ \mathrm{W} = 1\ \mathrm{J/s}$
電荷・電気量	クーロン	$1\ \mathrm{C} = 1\ \mathrm{A \cdot s}$
電位・電位差・電圧	ボルト	$1\ \mathrm{V} = 1\ \mathrm{J/C}$
静電容量	ファラド	$1\ \mathrm{F} = 1\ \mathrm{C/V}$
電気抵抗	オーム	$1\ \Omega = 1\ \mathrm{V/A}$
コンダクタンス	ジーメンス	$1\ \mathrm{S} = 1\ \mathrm{Wm^{-1}}$
磁束	ウェーバ	$1\ \mathrm{Wb} = 1\ \mathrm{V \cdot s}$
磁束密度・磁気誘導	テスラ	$1\ \mathrm{T} = 1\ \mathrm{Wb/m^2}$
インダクタンス	ヘンリー	$1\ \mathrm{H} = 1\ \mathrm{Wb/A}$
セルシウス温度	セルシウス度	$0\ ^\circ\mathrm{C} = 273.15\ \mathrm{K}$
光束	ルーメン	$1\ \mathrm{lm} = 1\ \mathrm{cd \cdot sr}$
照度	ルクス	$1\ \mathrm{lx} = 1\ \mathrm{lm/m^2}$
放射能	ベクレル	$1\ \mathrm{Bq} = 1\ \mathrm{s^{-1}}$
吸収線量	グレイ	$1\ \mathrm{Gy} = 1\ \mathrm{J/kg}$
線量当量	シーベルト	$1\ \mathrm{Sv} = 1\ \mathrm{J/kg}$
酵素活性	カタール	$1\ \mathrm{kat} = 1\ \mathrm{mol/s}$

1. 単位系について

付表 1.3　SI 単位と併用してよい単位

量	名称	記号・定義
時間	分	1 min = 60 s
	時	1 h = 60 min
	日	1 d = 24 h
平面角	度	$1° = (\pi/180)$rad
	分	$1' = (1/60)°$
	秒	$1'' = (1/60)'$
体積	リットル	$(1\,\ell =)\ 1\,\text{L} = 0.001\,\text{m}^3$
質量	トン	1 t = 1000 kg
	統一原子質量単位	$1\,\text{u} = 1.660540 \times 10^{-27}\,\text{kg}$
エネルギー	電子ボルト	$1\,\text{eV} = 1.602177 \times 10^{-19}\,\text{J}$

付表 1.4　SI 接頭語

乗数	名称	記号	乗数	名称	記号
10^{1}	デカ	da	10^{-1}	デシ	d
10^{2}	ヘクト	h	10^{-2}	センチ	c
10^{3}	キロ	k	10^{-3}	ミリ	m
10^{6}	メガ	M	10^{-6}	マイクロ	μ
10^{9}	ギガ	G	10^{-9}	ナノ	n
10^{12}	テラ	T	10^{-12}	ピコ	p
10^{15}	ペタ	P	10^{-15}	フェムト	f
10^{18}	エクサ	E	10^{-18}	アト	a
10^{21}	ゼタ	Z	10^{-21}	ゼプト	z
10^{24}	ヨタ	Y	10^{-24}	ヨクト	y

（2） 他の単位系との関係

SI 単位系は，MKS 単位系の流れをくむものであり，CGS 単位系とは桁数を合わせるだけで基本的に変換可能である．たとえば，$1 \mathrm{dyn} = 1 \mathrm{~g \cdot cm/s^2} = 10^{-3} \mathrm{~kg} \times 10^{-2} \mathrm{~m/s^2} = 10^{-5}$ N．

重力単位系は，1kg の質量の物体が重力加速度 $9.80665 \mathrm{~m/s^2}$ によって作用する力を 1 kgf とするものであり，地球上での重量感覚に合致する．しかし，力 = 質量 × 加速度 であり，$1 \mathrm{~N} = 1 \mathrm{~kg \cdot m/s^2}$ であるから，$1 \mathrm{~kgf} = 1 \mathrm{~kg} \times 9.80665 \mathrm{m/s^2} = 9.80665 \mathrm{kg \cdot m/s^2} = 9.80665 \mathrm{~N}$ となる．

英米で使用されるヤード・ポンド法での応力の単位は psi ($1 \mathrm{~lbf/in^2} = 6895 \mathrm{~Pa}$) である．日本においても，機械類のサイズのほか，鉄筋径のように mm で表示されていても実際にはインチ ($1'' = 25.4 \mathrm{~mm}$) が基準となっているものは少なくない．

日本の尺貫法では，1 尺 = 10 寸 = 0.303m = (1/3.3)m，1 間 = 6 尺 = 1.818m，1 坪 = 1 平方間 = 3.3 m^2 などが，特に住宅関係で慣習的に用いられている．

2. よくある質問

ここでは，本書で取り上げた実験にあたって，よくある質問の例を挙げる．同様の疑問を抱いている人は，回答を参照して理解を深められたい．

Q.1 粗粒率の計算のとき，どうして 15, 25, 30 mm のふるいの値を使わないのですか？

A.1 この 15, 25, 30 mm を除いたふるい目の寸法は，基本的に倍々で定められています．この配置から外れているものは粗粒率の計算では加算されません．

Q.2 細骨材の表乾状態の求め方がアバウトな気がするんですが？

A.2 砂は表面が乾燥しているとほとんど粘着力はありませんが，湿潤状態では粘着力が生じ，コーンの形を保持します．偶然に崩れたり崩れなかったりしているのでは決してありません．部分的に崩れたとしたら乾燥状態にムラがあったのでしょう．

Q.3 スランプ試験もアバウトな気がしますが？

A.3 不慣れな人がやると確かにばらつきますが，熟練した人がちゃんとやると許容範囲に収まるのです．試料の突き方や所要時間のばらつきが主な原因でしょう．

Q.4 コンクリートは水が少ない方が強いのに，水中養生すると乾かないのでは？

A.4 乾燥させないために水中養生をしています．コンクリートはセメントと水の化学反応である水和反応で硬化し，強度が発現します．決して乾いて固まるわけではありません．養生中に乾燥すると水和反応のための水分が不足して強度が伸びなくなるため，材料の性能を調べる場合は水中養生を行います．これとは別に，調合時に水セメント比が大きいと，セメント粒子の濃度が低くなって組織が疎になり，強度が低くなります．また，圧縮試験時に供試体が濡れていると，破壊に要するエネルギーが少なくなるため強度が低くなります．これらは養生による強度発現とは独立の要因です．

Q.5 コンクリートの強度はどうしてばらつくのですか？

A.5 セメントや骨材の品質にすでにばらつきがあります．このばらつきを排除したいときは，同じロットのものを使います．さらに，混練，打設，締固め，養生の各過程においてばらつきが生じますので，できるだけ同じ条件になるようにすることが大事です．

Q.6 非破壊試験の測定項目は，強度とは関係ないのでは？

A.6 これらの測定項目と強度との間には相関性があることが実験的にわかっているため，その関係式を推定に用いているのです．今後，新しい種類のコンクリートが実用になれば，これらの関係は変わってくるので，新たに実験をして，そのコンクリートのための推定式を求める必要があります．

Q.7 鉄筋の引張試験で，標点間で破断しませんでしたが？

■ **A.7** 基本的に応力は均等なので，どこで破断するかはコントロールできません．伸びの計算が使えないだけで，試験が失敗したわけではありません．大きく傷を付ければそこで切れますが，試験の意義が失われます．

Q.8 1点載荷と2点載荷の違いは？

　■ **A.8** モーメント図を描くとわかるように，1点載荷では，載荷点でモーメントがピークとなって引張破壊が生じますが，その点の材質で挙動が左右されてしまいます．2点載荷では，等モーメント区間が生じ，その区間の最も弱い部分で引張破損するため，材料的なばらつきがカバーされているのです．

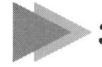

3. データシート

以下に各実験のデータシートの例を示すので，実験にあたって利用されたい．また，これらを参考にして各自で工夫するとよい．

（1） セメントの試験

セメントの試験（第4章）データシート　　　　年　月　日
記録者：

密度試験（4.3）

	1回目	2回目	3回目	4回目	2回の平均
はかりとった試料の質量　ω [g]					
鉱油液面の読みの差　ν [mL]					
密度　ρ [kg/L]					

強さ試験（4.4）

材齢 [day]	供試体番号	曲げ試験 最大荷重 ω [N]	曲げ強さ b [N/mm²]	圧縮試験 最大荷重1 ω [N]	圧縮強さ1 b [N/mm²]	最大荷重2 ω [N]	圧縮強さ2 b [N/mm²]
1	1-1						
	1-2						
	1-3						
	平均値	—		—	—	—	—
3	3-1						
	3-2						
	3-3						
	平均値	—		—	—	—	—
7	7-1						
	7-2						
	7-3						
	平均値	—		—	—	—	—
28	28-1						
	28-2						
	28-3						
	平均値	—		—	—	—	—
91	91-1						
	91-2						
	91-3						
	平均値	—		—	—	—	—

（2） 骨材の試験

骨材の試験（第5章）データシート　　　年　月　日

記録者：

ふるい分け試験 (5.3)

細骨材				ふるい目の寸法 [mm]	粗骨材			
各ふるいの		累加残留率 [%]	通過率 [%]		各ふるいの		累加残留率 [%]	通過率 [%]
残留量 [g]	残留率 [%]				残留量 [g]	残留率 [%]		
				40　*				
				30　−				
				25　−				
				20　*				
				15　−				
				10　*				
				5　*				
				2.5　*				
				1.2　*				
				0.6　*				
				0.3　*				
				0.15　*				
				受皿				
—	—	—		合計	—	—	—	
—	—	—	—	粗粒率FM	—	—	—	—

密度および吸水率試験 (5.4)

細骨材	W_1 [g]	W_2 [g]	W_3 [g]	W_4 [g]	W_5 [g]	D_s [kg/L]	D_D [kg/L]	Q [%]
1回目								
2回目								
平均値	—	—	—	—	—			

粗骨材	W_1 [g]	W_2 [g]	W_3 [g]	W_4 [g]		D_s [kg/L]	D_D [kg/L]	Q [%]
1回目					—			
2回目					—			
平均値	—	—	—	—	—			

単位容積質量および実積率試験 (5.5)

細骨材	V [L]	W_1 [g]	W_2 [g]	W_D [g]	D_D [kg/L]	T [kg/L]	G [%]
1回目							
2回目							
平均値	—	—	—	—			

粗骨材	V [L]	W_1 [g]	W_2 [g]	W_D [g]	D_D [kg/L]	T [kg/L]	G [%]
1回目							
2回目							
平均値	—	—	—	—			

細骨材の表面水率試験 (5.6)

質量法	W_1 [g]	W_2 [g]	W_3 [g]	D_s [kg/L]	W [g]	W_s [g]	H [%]
1回目							
2回目							
平均値	—	—	—	—	—	—	

容積法	W_1 [g]	W_2 [g]	W_3 [g]	D_s [kg/L]	W [g]	W_s [g]	H [%]
1回目							
2回目							
平均値	—	—	—	—	—	—	

（3） コンクリートの調合設計

コンクリートの調合設計（第6章）データシート

年　月　日
記録者：

使用材料

材料	種類, メーカ, 産地等	セメント強さ K [N/mm²]	実積率 [%]	粗粒率 FM	密度 ρ [kg/L]	塩化物イオン含有率 [%]
セメント						
細骨材						
粗骨材						
混和材						
化学混和剤1						
化学混和剤2						

調合強度

設計基準強度 F_c [N/mm²]		計画供用期間の級		耐久設計基準強度 F_d [N/mm²]	
28日予想平均気温 θ [℃]		構造体コンクリートの管理材齢 [日]		構造体強度補正値 S [N/mm²]	
品質基準強度 F_q [N/mm²]		調合管理強度 F_m [N/mm²]		調合強度 F [N/mm²]	

計画調合表

調合番号	スランプ S_L [cm]	空気量 Air [%]	水セメント比 W/C [%]	粗骨材の最大寸法 ϕ_a [mm]	細骨材率 s/a [%]	化学混和剤1の使用量	化学混和剤2の使用量	計画調合上の最大塩化物イオン量 [kg/m³]

単位水量 W [kg/m³]	絶対容積 [L/m³]				単位質量 [kg/m³]			
	セメント	細骨材 V_s	粗骨材 V_G	混和材	セメント C	細骨材 S	粗骨材 G	混和材

実施調合表

調合番号	容量 V [L]	質量 (kg)						
		水 W	セメント C	細骨材 S	粗骨材 G	混和材	化学混和剤1	化学混和剤2

（4） フレッシュコンクリートの試験

フレッシュコンクリートの試験（第7章）データシート　　　年　月　日

記録者：

スランプ試験（7.3）

測定項目	1回目	2回目	3回目
目標スランプ [cm]			
実測スランプ [cm]			
コンクリート温度 [℃]			
室温 [℃]			
備考：目視によるコンクリートの状態等			

空気量試験（7.4）

測定項目	1回目	2回目	3回目
エアメータによるコンクリートの空気量の測定値 A_1 [%]			
骨材修正係数 A_g [%]			
コンクリートの空気量 A [%]			

塩化物量試験（7.5）

測定項目	1本目	2本目	3本目
試験紙の読み値			
換算表から求めた各試験紙の Cl^- 濃度 [%]			
Cl^- 濃度平均値 C_{ave} [%]			
コンクリート中の塩化物含有量 C [kg/m³]			

（5） 硬化コンクリートの強度試験

硬化コンクリートの強度および弾性係数試験（第8章）データシート

年　月　日
記録者：

圧縮強度試験（8.2）

供試体番号	直径 d [mm]	高さ h [mm]	断面積 A [mm²]	最大荷重 P_c [N]	圧縮強度 f_c [N/mm²]	平均値 [N/mm²]

引張強度試験（8.3）

供試体番号	直径 d [mm]	長さ l [mm]	側面積の半分 $\pi dl/2$ [mm²]	最大荷重 P_t [N]	引張強度 f_t [N/mm²]	平均値 [N/mm²]

静弾性係数試験（8.4）

供試体番号						
供試体寸法	直径 d [mm]	高さ h [mm]	断面積 A [mm²]	直径 d [mm]	高さ h [mm]	断面積 A [mm²]
圧縮強度	最大荷重 P_c [N]	圧縮強度 f_c [N/mm²]	静弾性係数 E [N/mm²]	最大荷重 P_c [N]	圧縮強度 f_c [N/mm²]	静弾性係数 E [N/mm²]
応力とひずみ	σ_1 [N/mm²]	σ_2 [N/mm²]	ε_1	σ_1 [N/mm²]	σ_2 [N/mm²]	ε_1
測定番号	荷重 P [N]	応力 σ [N/mm²]	ひずみ ε	荷重 P [N]	応力 σ [N/mm²]	ひずみ ε
1						
2						
3						
4						
5						
6						
7						
8						
9						
10						
11						
12						
13						
14						
15						
16						
17						

（6） 硬化コンクリート非破壊試験

硬化コンクリートの非破壊試験（第9章）データシート　　　年　月　日

記録者：

反発度法（9.1）

測定番号								
測定値	1							
	2							
	3							
	4							
	5							
	6							
	7							
	8							
	9							
	10							
	11							
	12							
	13							
	14							
	15							
	16							
平均値	1							
	2							
	3							
打撃角度	値							
	補正値							
圧縮応力	値							
	補正値							
湿試験	試験法							
	補正値							
基準反発度 R_0								

超音波速度法（9.2）

測定番号							
伝播距離 L [mm]							
伝播時間 t [μs]							
伝播速度 V_p [km/s]							

圧縮強度推定値 F_c [N/mm²]

測定番号								
反発度法	JSMS式							
	AIJ式							
超音波速度法	谷川式							
	AIJ式							
組合せ法	谷川式							
	AIJ式							

(7) RC 梁の曲げ・せん断実験

RC梁の曲げ・せん断実験（第10章）データシート

記録者：　　　　　　　　　年　月　日

RC梁の曲げ・せん断実験（10.7）

		理論値	実験値
ひび割れ荷重			
最大荷重			

荷重 P [N]	曲率 ϕ [1/m]	たわみ [mm]			ひずみ ε [μ]								備考
		1	2	3	1	2	3	4	5	6	7	8	

(8) 鉄筋の引張試験

鉄筋の引張試験（第11章）データシート　　　年　月　日
鉄筋の引張試験（11.2）　　記録者：

供試体番号							
原標点間距離 L [mm]							
標点間距離 L' [mm]							
破断位置							
伸び δ [%]							
原断面積 A_0 [mm²]							
最小断面積 A_n [mm²]							
しぼり ϕ [%]							
上降伏点荷重 F_{su} [N]							
上降伏点応力 σ_{su} [N/mm²]							
下降伏点荷重 F_s [N]							
下降伏点応力 σ_{sl} [N/mm²]							
最大荷重 F_{max} [N]							
引張強さ σ_B [N/mm²]							
破断荷重 F_b [N]							
破断強さ σ_b [N/mm²]							

（9） H形鋼の曲げ・せん断実験

H形鋼の曲げ・せん断実験（第12章）データシート　　　　　　年　月　日

記録者：

H形鋼の曲げ・せん断実験（12.2）

フランジ寸法 [mm]		ウエブ寸法 [mm]		断面積 A [cm²]	降伏点 σ_Y [N/mm²]	引張強さ F_t	伸び率 [%]				理論値	実験値
幅	厚	幅	厚							降伏荷重 P_Y		
										崩壊荷重 P_c		
断面2次モーメント [cm⁴]		断面2次半径 [cm]		断面係数 [cm³]		塑性断面係数 [cm³]		形状係数		横座屈荷重 P_{cr}		
I_y	I_z	i_y	i_z	Z_y	Z_z	Z_{py}	Z_{pz}	f_y	f_z	じん性率 μ		

荷重 P [N]	曲げモーメント M [Nm]	曲げ応力 σ_b [N/mm²]	曲率 ϕ [1/m]	中央部たわみ δ [mm]	ダイアルゲージ [mm]					ひずみ ε [μ]			備考
					1	2	3	4	5	1	2	3	

（10） 木材の圧縮試験

木材の圧縮試験（第13章）データシート　　　　年　月　日

木材の圧縮試験（13.2）　　　記録者：

供試体番号							
載荷方向							
年輪数 n							
年輪の測定幅 x [mm]							
平均年輪幅 r [mm]							
断面積 A [mm^2]							
高さ h [mm]							
乾燥前質量 m_1 [g]							
質量測定時の体積 V [mm^3]							
密度 ρ [g/mm^3]							
乾燥後質量 m_2 [g]							
含水率 u [%]							
原標点間距離 L [mm]							
弾性係数測定荷重差 ΔP [N]							
ΔP 間の ΔL [mm]							
弾性係数 E_c [N/mm^2]							
比例限度荷重 P_p [N]							
比例限度応力 σ_{cp} [N/mm^2]							
最大荷重 P [N]							
圧縮強さ σ_c [N/mm^2]							

索　引

■英　数

0.2%耐力　146
H形鋼　152
JASS 5　78
N型リバウンドハンマー　113
SI　177
t 分布検定　40

■あ　行

圧縮強度　97
圧縮試験　16, 163
あばら筋比　123
安全　4
アンボンドキャッピング　100
板目　163
一般構造用圧延鋼材　152
異方性　163
上降伏点　146
受入検査　86
エクステンソメータ　23
エコセメント　48
塩化物イオン　94
塩化物イオン量　83
塩化物量　94
エントレインドエア　90
応力　20
応力－ひずみ曲線　21

■か　行

回帰式　42
回帰分析　41
過失　34
荷重－たわみ関係　131
割線弾性係数　110
割裂引張強度試験　18
割裂引張試験　105
含水率　65, 163, 169
気乾状態　64
キャッピング　99
吸水率　61

強度補正値　79
局部座屈　158
曲率　157
空気量　74, 90
空隙率　68
偶然誤差　35
計画供用期間　78
計画調合表　84
形状係数　155, 158
ゲージファクター　25
結合水　169
建築構造用圧延鋼材　152
研磨　99
降伏荷重　157
降伏点　142
降伏曲げモーメント　136, 155
国際単位系　177
木口　162
骨材　56
骨材試験　56
骨材修正係数　93
混合セメント　48
コンタクトゲージ　22
コンプレッソメータ　23, 109

■さ　行

細骨材　60
細骨材率　83
最小2乗法　43
最大寸法　60
散布図　41
下降伏点　146
ジッギング　67
湿潤状態　64
実積率　66
4分法　57
絞り　148
シャリエの方法　38
終局曲げモーメント　136
自由水　169

仕様規定　76
試料分取器　57
じん性率　159
振動機　99
数値の丸め方　36
スキャナ　31
スタージェスの方法　38
スランプ　88
スランプコーン　89
静ひずみ測定器　31
絶乾状態　64
絶乾密度　62
設計基準強度　78
セメント　48
セメント強さ　81
セメントの強さ試験　50
セメントの密度　49
セメントペースト　74
繊維方向　162
繊維飽和点　169
全塑性曲げモーメント　157
相関係数　44
相関分析　41
相対度数　38
粗骨材　60
塑性断面係数　155, 157
粗粒率　59

■た　行

ダイアルゲージ　22
耐久設計基準強度　78
縦圧縮試験　164
単位系　177
単位水量　81
単位セメント量　82
単位粗骨材かさ容積　82
単位粗骨材量　82, 83
単位容積質量　66
弾性係数　21, 108
断面2次半径　155
断面2次モーメント　155

断面係数　155
超音波速度法　116
調合管理強度　79
調合強度　80
調合設計　73
定誤差　34
鉄筋　142
動ひずみ測定器　32
度数分布表　37
トンプソンの棄却限界表　40
トンプソンの方法　40

■な 行

日本建築学会建築工事標準仕様書　78
伸び　147

■は 行

パイゲージ　28
破断強さ　147
反発度　113
比強度　162
ピクノメータ　61
ヒストグラム　38
ひずみ　20
ひずみゲージ　27
ひずみゲージ式圧力計　31
ひずみゲージ式変位計　29
引張強度　105
引張試験　17
引張主筋比　123
引張強さ　146
非破壊試験　112

ヒヤリ・ハット　5
表乾状態　64
表乾密度　62
標準砂　51
標準偏差　36
標点距離　144
表面水率　65, 69
品質基準強度　79
頻度分布図　38
フィッシャーの方法　38
縁応力　156
縁ひずみ　157
フックの法則　157
ふるい分け試験　57
分散　36
平均値　36
平均年輪幅　163, 169
平面保持の仮定　132
変動係数　36
ホイートストンブリッジ　25
崩壊荷重　156
細長比　159
ポルトランドセメント　48

■ま 行

マグネチックストレインゲージ　29
曲げ剛性　136
曲げ試験　19
曲げひび割れ発生モーメント　135
曲げモーメント－曲率関係　133

柾目　162
水セメント比　81
密度　61, 163, 170
ミルシート　152
モルタル　74
モールドゲージ　28
モールの定理　155
モール法　94

■や 行

ヤング係数　21, 108
有効数字　35
有効数字の桁数　35
溶接構造用圧延鋼材　152
横圧縮試験　164
横座屈　155
横座屈応力度　155
横座屈強度式　159
横座屈長さ　155

■ら 行

粒形判定実績率　69
粒度　58
粒度分布曲線　59
ルシャテリエフラスコ　49
レーザ式変位計　30
レポート　5, 12
ロードセル　30

■わ

ワイヤーストレインゲージ　23

著者紹介

谷川　恭雄	名古屋大学名誉教授　工学博士	
青木　孝義	名古屋市立大学大学院芸術工学研究科・教授　工学博士	
河辺　伸二	名古屋工業大学大学院工学研究科社会工学専攻・教授　工学博士	
黒川　善幸	鹿児島大学大学院理工学研究科建築学専攻・准教授　博士（工学）	
寺西　浩司	名城大学理工学部建築学科・教授　博士（工学）	
畑中　重光	三重大学大学院工学研究科建築学専攻・教授　工学博士	
平岩　陸	名城大学理工学部建築学科・准教授　博士（工学）	
丸山　一平	名古屋大学大学院環境学研究科都市環境学専攻・教授　博士（工学）	
三島　直生	国土交通省 国土技術政策総合研究所 住宅研究部	
	住宅ストック高度化研究室・主任研究官　博士（工学）	
山田　和夫	愛知工業大学工学部建築学科・教授　工学博士	
山本　貴正	愛知工業大学工学部建築学科・准教授　博士（工学）	
渡辺　健治	（元）中部大学工学部建築学科・教授　博士（工学）	

やさしい構造材料実験　　　　　　　　　　　　　　© 谷川恭雄 2010
2010 年 4 月 1 日　第 1 版第 1 刷発行　　　　【本書の無断転載を禁ず】
2020 年 5 月 25 日　第 1 版第 6 刷発行

著者代表　谷川恭雄
発 行 者　森北博巳
発 行 所　森北出版株式会社
　　　　　東京都千代田区富士見 1-4-11（〒102-0071）
　　　　　電話 03-3265-8341／FAX 03-3264-8709
　　　　　https://www.morikita.co.jp/
　　　　　日本書籍出版協会・自然科学書協会　会員
　　　　　JCOPY ＜(社)出版者著作権管理機構　委託出版物＞

落丁・乱丁本はお取替えいたします　　　印刷／モリモト印刷・製本／協栄製本

Printed in Japan ／ ISBN978-4-627-55301-9

MEMO